海峽同根
情寄農桑
兩岸農業比較與合作研究

胡艷君 著

崧燁文化

目 錄

前言

第一章 兩岸農業合作概況
    第一節 兩岸農業投資與農產品貿易
        一、臺灣對大陸農業投資
        二、兩岸農產品貿易
        三、存在的問題及原因
    第二節 兩岸農業交流與合作平臺的建設
        一、各種形式的農業交流
        二、海峽兩岸農業合作試驗區和農民創業園
        三、存在的問題
    第三節 兩岸農業交流與合作的特點和發展趨勢
        一、以農產品貿易為主
        二、投資規模不大，地區分布不均勻
        三、規模化經營，發展產業鏈，形成供應鏈，推進市場化
        四、發展精緻農業、特色農業、休閒農業

第二章 兩岸農民合作組織制度比較
    第一節 定義和性質
        一、大陸的農民專業合作社
        二、臺灣的農會
        三、比較
    第二節 發展歷程
        一、大陸農村合作組織發展歷程

　　二、臺灣農民合作組織發展歷程
　　三、比較
第三節 主要功能
　　一、大陸——經濟功能
　　二、臺灣——綜合功能
　　三、比較
第四節 主要模式
　　一、大陸農民合作組織的模式
　　二、臺灣農民合作組織模式
　　三、比較
第五節 案例
　　一、三重市農會
　　二、沃德家禽養殖專業合作社

第三章 兩岸農業金融制度比較
　第一節 臺灣農業金融——改革、體系、問題與發展方向
　　一、臺灣農業金融改革
　　二、臺灣農業金融體系
　　三、主要部門
　　四、當前臺灣農業金融制度存在的主要問題
　　五、臺灣農業金融未來發展方向
　第二節 大陸農村金融（以村鎮銀行發展為例）
　　　——改革、體系、問題與發展方向
　　一、農村金融改革——新型農村金融機構的構建
　　二、大陸農村金融體系
　　三、村鎮銀行發展中存在的問題
　　四、村鎮銀行未來發展方向

第三節 兩岸農業金融制度比較
  一、農業金融的職能定位
  二、農業金融體系
  三、村鎮銀行與農漁會信用部
第四節 案例
  一、三重市農會信用部
  二、四川儀隴惠民村鎮銀行——大陸首家村鎮銀行

第四章 臺灣農業經營管理制度對大陸相關農業政策和制度設計的啟示
 第一節 農業制度和政策的設計真正把農民的利益放在首位
 第二節 農民合作組織
  一、發展綜合性的農民合作組織，尤其要以金融為紐帶，
     大力發展農村金融
  二、強調社員或者是成員的共同利益，使農民真正受益
  三、多方合力共同推動農民合作組織的發展，
     關鍵是政府扮演好自己的角色
  四、提高合作組織的穩定性和有效性，增強農民參與
     合作組織的積極性
 第三節 農業金融
  一、用法律作為農業金融制度有效運轉的保障
  二、建立獨立於一般金融之外的農業金融體系，
     確保農業發展所需資金
  三、基層農業金融機構角色定位：真正解決農戶問題
     而非僅扮演金融中介角色
  四、建立農業信用保證基金是解決農民缺乏有效的擔保和
     抵押物品問題的有效途徑

第五章 兩岸農業合作模式創新

第一節 合作前景
一、客觀基礎
二、主觀條件
三、實踐經驗

第二節 合作的宗旨和原則
一、合作主體回歸到兩岸農民，避免被商人操作
二、建立以市場為導向的產業合作模式
三、進一步拓展兩岸農業合作的空間
四、充分利用臺灣的農業技術，但要保護臺灣的知識產權

第三節 合作模式創新
一、制度創新
二、新模式
三、案例

第六章 對兩岸農業合作的深層思考

第一節 目前的兩岸農業合作為什麼只是一廂情願
第二節 透過兩岸農業合作，臺灣能得到什麼
第三節 兩岸農業合作的困難與問題
第四節 兩岸農業合作的未來在哪裡

參考文獻
後記

前言

　　兩岸農業合作應該說具有先天的優勢,今後將進一步加強海峽兩岸農業合作試驗區和臺灣農民創業園的建設,為臺灣農民在大陸投資創業提供更好的環境;積極協助臺灣農民企業到大陸舉辦展覽展銷會,進一步擴大臺灣農產品在大陸的銷售;不斷加強兩岸在農業訊息技術、人才培訓、農民組織建設方面的交流合作,積極探索開闢兩岸農業交流與合作的新渠道、新平臺,實現兩岸農業的共同發展。2010年6月29日,兩岸正式簽署《海峽兩岸經濟合作框架協議》(英文為Economic Cooperation Framework Agreement,簡稱ECFA),臺灣「立法院」於同年8月17日審議,其中大陸對臺貿易早期收穫產品清單中,包括其它活魚、其它生鮮魚、其它冷藏冷凍魚、生鮮甲魚蛋、鮮蘭花、金針菇、香蕉、柳橙、哈密瓜、火龍果及茶葉等18項農產品。這一系列的事件表明,兩岸農業合作正面臨一個非常好的發展環境和機遇。基於這一背景,本書把研究內容鎖定在兩岸農業交流與合作現狀、存在問題,透過對兩岸農業經營管理模式的比較,探討臺灣農業發展經驗對大陸有哪些借鑑和啟示,兩岸應該如何進行農業合作模式的創新,最終實現「惠顧兩岸農民、產業合理分工、提升農業競爭力」的兩岸農業合作目標。

　　因此對於大陸農業合作經濟組織、農村土地制度以及農業經營體制與政策的研究比較多。1980年代以後,隨著兩岸農業交流的不斷增加,許多農業專家、學者到臺灣交流學習、考察,出現了許多介紹臺灣農業經濟合作組織(主要是農會)、土地制度、農業政策、農業發展經驗的論文和論著,但是對兩岸農業經營管理模式進行比較研究的並不多。從目前查閱的資料來看,比較有代表性的成果之一為郝志東、廖坤榮(2008)的《兩岸鄉村治理比較》,從鄉鎮和村一級治理、兩岸鄉村農、工、商的發展、兩岸農村的金融問題、兩岸農民組織問題以及

兩岸農村社區建設等幾個方面，對兩岸農村、農業的發展進行了較深入和系統的比較研究，比較的方式主要是以兩岸學者對同一個論題進行交流。另一個有代表性的成果是於宗先、毛育剛、林卿（2004）的《兩岸農地利用比較》一書，較詳細地分析了臺灣的農地利用情況和大陸的農地利用情況，包括農地利用政策、農地改革、農地利用管理等，然後對兩岸農地所有權歸屬的演變、農地利用的自然環境、社會經濟條件、農地資源、農地開發、利用和管理等方面進行了對比，並對兩岸農地利用政策進行了評價，最後從農地利用與環境、人口增長率、規模經濟、農民負擔、工商業發展以及競爭等方面得出了相應的結論。

關於兩岸農業合作，政府、學者、產業界、企業界都有一定的研究與實踐，各種形式、各種層次的「農業合作論壇」也經常在海峽兩岸各地舉辦，關於合作的模式、領域、前景等取得了一系列的研究成果，但是關於這些問題的深入研究不是很多。目前看到的文獻中，研究得比較詳細的主要有：周文彰（1999）的《瓊臺農業合作研究》，從瓊臺農業經濟比較、瓊臺農業合作現狀、瓊臺農業合作的效應、瓊臺農業合作的啟示之一：發展農村合作經濟組織、瓊臺農業合作的啟示之二：完善農業社會化服務體系以及瓊臺農業合作的環境建設等方面以海南為例對兩岸農業合作進行了較全面的介紹。兩岸農業合作中另外一個重要的問題，是具有實踐意義的兩岸農業合作模式研究。關於兩岸農業合作模式創新，目前，兩岸的農業合作基本上還處於臺商、臺農單打獨鬥的局面，臺灣在大陸的農業投資大多是獨資的法人形態，合作的模式主要是「臺商租賃農戶或集體組織的農地進行獨資經營」（陳洪昭，2008），並未體現真正的「合作」，未能最終體現出合作的「成效」。曾祥添（2008）透過對閩臺兩地農業合作現有模式的分析，提出了兩岸農業合作的三種新模式：土地股份制兩岸農業合作新模式、以現代小農經濟為主的閩臺農業合作新模式、產供銷一體化的兩岸農業合作新模式。王慶（2008）在分析閩臺農業合作中產業化經營的原有模式「臺資企業＋種植大戶＋農戶」、「臺資企業＋農戶」的利弊的基礎上，提出了兩種新模式，即「農民自辦加工企業＋農民合作經濟組織＋農戶」和「臺資企業＋農民合作經濟組織＋農戶」。陳洪昭（2008）提出了農地股份合作制：將臺商與農戶的資金、技術、農地、設備等生產要素，按照適當份額折成股份，投入到農業生產中

去，進行資源組合，在不改變資產終極所有權的前提下，實現了投資主體多元化。這些學人的研究成果都為我們提出兩岸合作創新的新模式提供了有益的參考，在此基礎上，本書將提出「政府＋農業推廣委員會（臺灣）＋農戶」等兩岸農業合作的新模式。

本書的主要內容包括以下三個方面：

（一）兩岸農業交流與合作現狀、特點及存在問題

兩岸農業交流與合作走過了近三十年的歷程，在波動中不斷深入發展。本書將主要分析兩岸農業投資與農產品貿易的發展歷程和現狀、兩岸農業交流與合作平臺的建設情況，以及兩岸農業交流與合作的特點和發展趨勢。透過在臺灣的調研，也對目前兩岸農業合作中存在的問題有了更深入的瞭解，本書也將就這些問題做較深入的剖析，並有針對性地提出一些建議和對策。

（二）兩岸農業經營管理模式比較

兩岸農業均屬小農經濟，農業經營制度改革和發展的目標和軌跡也基本類似。目標都是調動農民的生產積極性，增加農民收益；發展的軌跡也都是由農戶的分散經營到規模化經營，向農業產業化方向發展。但是由於兩岸土地所有制制度存在本質的不同，加之經濟發展模式、環境等許多因素決定了兩岸農業經營制度會以不同的政策、制度呈現出來。本書將重點對兩岸農民合作組織和農業金融制度進行比較研究，為大陸解決「三農」問題提供政策借鑑，同時為推動和深化兩岸農業合作提供理論支持。

第一，兩岸農業合作經濟組織的比較。臺灣的農業合作經濟組織已經發展到比較成熟的階段，主要表現在農會的體制、機制、功能、業務不斷完善與提升；近年來，隨著農業改革、發展需要應運而生的策略聯盟也在迅速推廣，主要包括生產聯盟、物流聯盟、加工聯盟、貿易聯盟和休閒農業聯盟。而大陸的農業經濟合作組織發展比較緩慢，在經歷了農業合作化運動、人民公社時期以及改革開放後的起步階段和1990年代的初始發展階段的漫長歷程後，2003年以後逐步步入較規範的發展階段。2006年10月31日，《中華人民共和國農民專業合作社法》正式頒布，成為中國農民合作組織發展史上的一個里程碑。本書將透過對兩岸農

業經濟合作組織在模式、體制、機制、功能等方面做比較研究,重點研究臺灣農業經濟合作組織運作的成功經驗,為大陸農業合作組織健康發展提供有益借鑑。

第二,兩岸農業金融制度比較。由於農業的特殊性,農業金融也有不同於一般金融的特點,2003年臺灣通過了「農業金融法」,形成了獨立於一般金融之外的一元化的農業金融體系。大陸的農村金融改革經過了三十多年的改革和發展,取得一些成績的同時,依然面臨許多問題,本書將重點分析2006年12月20日銀監會發布《中國銀行業監督管理委員會關於調整放寬農村地區銀行業金融機構准入政策,更好支持社會主義新農村建設的若干意見》,提出農村金融市場開放的試點方案以來,大陸農村金融尤其是村鎮銀行發展的概況、存在的問題以及未來的發展方向,並與臺灣的農業金融的相關方面進行了比較,同時分析了臺灣農業金融體制改革和發展過程中的成功做法對大陸農村金融改革的啟示和借鑑。

（三）兩岸農業合作前景及合作模式創新研究

第一,兩岸農業合作前景分析。透過對兩岸農業交流與合作現狀的分析,總結當前交流與合作中存在的問題,並對兩岸農業合作經濟組織、農業金融制度等方面農業經營制度與政策的比較,分析出兩岸在農業經營管理方面的優劣勢,著重分析臺灣農業發展的成功經驗對大陸的借鑑和啟示,提出兩岸農業合作的前景及宗旨和原則。

第二,合作模式的創新研究。目前,兩岸農業合作的模式主要有品種與技術合作模式、農業資源開發合作模式、外向型農業合作模式、專業組織合作模式等,而合作的平臺主要是海峽兩岸農業合作試驗區和臺灣農民創業園。本書將在實地調研和理論分析的基礎上,提出兩岸農業合作的新模式。

本書將首先分析當前兩岸農業合作中存在的問題,並運用比較研究的方法,透過對兩岸農業經濟合作組織、農村金融制度的比較分析,總結臺灣農業發展的成功經驗對大陸農業相關改革的借鑑和啟示,並以之作為兩岸農業合作新模式的理論基礎;最後分析兩岸農業合作的前景及合作原則,並提出兩岸農業合作的新模式。研究思路如下圖所示:

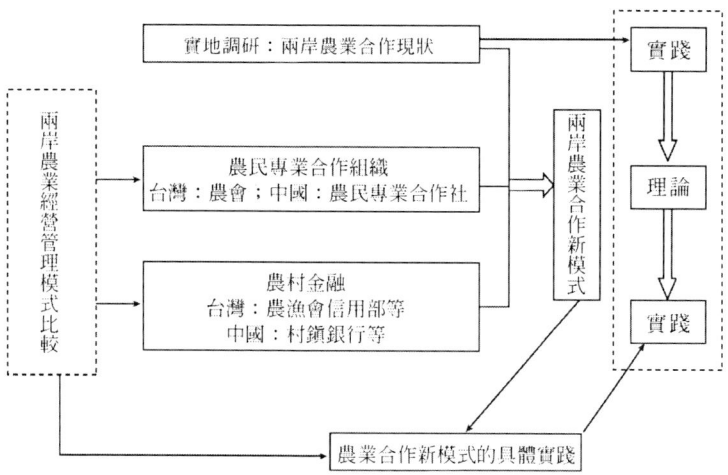

「兩岸農業經營制度模式比較與合作模式創新研究」研究思路

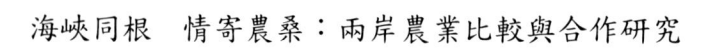

第一章　兩岸農業合作概況

　　兩岸農業合作開始於1979年,主要以海上民間小額貿易方式來進行農產品的交易。在以後的三十年中,兩岸農業的交流與合作無論從形式到內容都有了很大發展,取得了一系列的成效,但同時也呈現出單向、自發、無序和相對而言進展緩慢的特點。在兩岸和平發展的新形勢下,探討如何改善兩岸農業交流合作的環境,改變無序的現狀,使兩岸農業合作的成果真正造福兩岸農民,特別是有效幫助臺灣農業提升競爭力等,是一件非常有意義的大事。

第一節　兩岸農業投資與農產品貿易

　　臺灣對大陸的農業投資和兩岸之間的農產品貿易是兩岸農業交流與合作的重要實質性成果。

一、臺灣對大陸農業投資

　　1985年10月,臺胞邱伏對在福建漳浦註冊成立了一家水產養殖公司,此舉被業界學者稱為兩岸農業合作的先聲。經過二十多年的發展,截至2008年年底,在大陸投資發展的臺資農業企業有5900多家,投資大陸農業的臺資總額達69億美元,投資領域包括種植業、漁業水產、畜牧業、食品飲料、飼料加工、木竹等。

臺灣對大陸農業投資主要有以下幾個方面的特點：

第一，單向性和自發性。首先，臺灣至今仍限制對大陸農業種植業的投資，除食品、飼料、畜牧業等以外，臺商在大陸投資的農業種植業項目均出於臺商個人「自發」的行為。因此，在種子、技術、銷售等各個環節上均不規範，潛在的風險較高，對此，島內外均有不少的議論；其次，兩岸自2009年4月達成「陸資入島」的共識之後，臺灣向大陸開放三大類192項陸資入臺項目中也並未涉及農業。也就是說，直到2009年底，農業是不允許陸資向島內投資的項目，單向投資的格局尚未突破。

第二，無序性和波動性。如表1-1所示，受臺灣相關政策影響，農業投資總額波動比較大。從農業產業鏈上看，農業種植業處於上游原料生產的地位，對此臺灣嚴加控制。因此，自臺灣1987年11月開放臺胞赴大陸探親以來所掀起的第一波（1988～1992年）投資熱潮中，少量經營農產品的臺商在海南等地偷偷種植反季節瓜果和蘆筍等作物，有些還從事水產養蝦等活動。與此同時，兩岸農業交流卻十分頻繁，大陸對臺灣農業的瞭解逐步加深，臺灣食品業龍頭企業統一集團於1992年率先在大陸新疆烏魯木齊以當地品質優良的番茄為原料，公開投資番茄醬生產項目，產生了相當大的影響。之後，食品業中的一些中小企業紛紛開始到大陸來考察，如旺旺、頂新等，相繼來大陸投資以米面為原料的食品加工業。1992年，鄧小平同志南方談話之後，大陸加大了對外開放的力度，臺灣中小企業掀起了投資大陸的高潮。僅1993年一年，臺商對農業的投資額就超過了1992年以前數年的投資總額，食品及農產品加工業所占比重隨之上升，到1994年，占了總投資額的15.16%，比重可謂不小。

從1992年開始，臺灣的民間農業和漁業組織相繼來大陸與農業部門聯繫積極推動與大陸的務實合作，雙方在認真調研的基礎上確定了分別在海南、福建、浙江等地，實施涉及海上漁船補給、水產品加工、水果栽培技術等具體的合作項目。正在開始執行，李登輝利用發生在浙江千島湖上臺灣遊客被歹徒劫持並殺害的所謂「千島湖事件」，趁機宣布並嚴令禁止兩岸所有的農、漁業交流與合作項目，嚴重打擊了兩岸農業合作的良好勢頭，反映在1995、1996兩年的農業投資

只占總投資額的0.20%和0.58%。

大陸方面為了推進兩岸農業合作，2006年以來，農業部會同國臺辦先後在大陸9個省份設立了9個海峽兩岸農業試驗區，同時在12個省份設立了25個臺灣農民創業園，為臺灣向大陸投資農業種植業創造條件、增加吸引力。但是受限於政策，臺灣投資大陸農業的主體不是臺灣的農民或農會組織，而是臺商，因此投資的布局基本上是無序的、隨機的，與臺商本人的興趣和他們與臺灣農業的聯繫及掌握的資源有一定的關係。

表1-1　1993～2008年被核准的臺灣對大陸農業和食品業直接投資情況表

年份	農業 投資額（千美元）	農業 占對中國直接投資總額的比重（%）	農業 項目數（個）	食品業 投資額（千美元）	食品業 占對中國直接投資總額的比重（%）	食品業 項目數（個）	農業和食品業 投資額（千美元）	農業和食品業 占對中國直接投資總額的比重（%）	農業和食品業 項目數（個）
1993	29 568	0.93	152	324 555	10.24	791	354 123	11.18	943
1994	9 464	0.98	13	145 846	15.16	73	155 310	16.14	86
1995	2 149	0.20	4	117 447	10.75	32	119 596	10.94	36
1996	7 100	0.58	3	121 702	9.90	30	128 802	10.48	33
1997	48 646	1.12	210	333 073	7.68	1151	381 719	8.81	1361
1998	21 025	1.03	24	70 045	3.44	57	91 070	4.48	81
1999	4 629	0.37	5	58 250	4.65	19	62 879	5.02	24
2000	5 752	0.22	6	43 253	1.66	10	49 005	1.88	16
2001	10 389	0.37	6	58 420	2.10	26	68 809	2.47	32
2002	28 670	0.43	47	152 939	2.27	93	181 609	2.70	140
2003	37 270	0.48	54	353 050	4.59	105	390 320	5.07	159
2004	3 722	0.05	5	89 594	1.29	34	93 316	1.34	39
2005	7 893	0.13	4	53 430	0.89	28	61 323	1.02	32
2006	8 960	0.12	3	99 708	1.30	20	108 668	1.42	23
2007	17 104	0.17	8	71 648	0.72	14	88 752	0.89	22
2008	15 558	0.15	4	240 222	2.25	24	255 780	2.39	28

資料來源：《Taiwan Statistical Data Book 2009》Council for Economic Planning and Development，Executive Yuan，R.O.C.（Taiwan），June 2009。

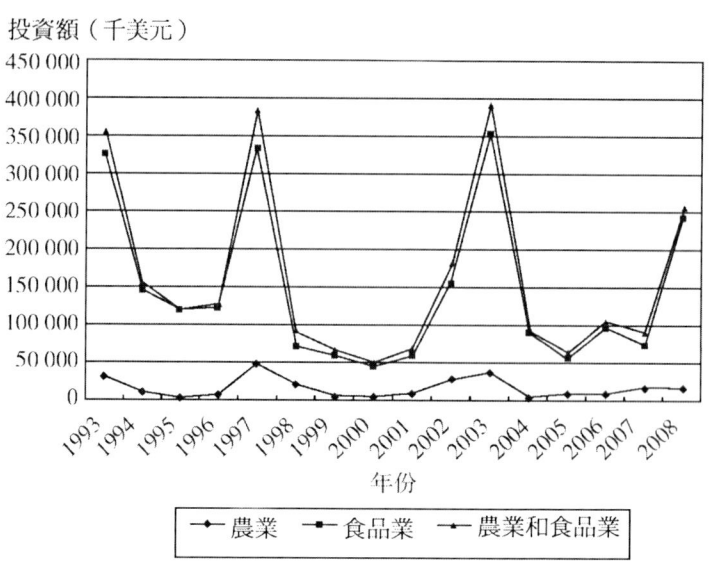

圖1-1　1993~~2008年臺灣對大陸農業和食品業直接投資變動圖

第三，從總體上來看，臺商對大陸農業投資偏向於食品加工業，而對大陸農業種植業、漁業、畜牧業等領域的投資金額相對偏低（如表1-1、圖1-1所示）。從1993年到2008年雖有起伏但這一趨勢比較明顯。江蘇是兩岸農業合作的重要省市之一，這一特點也可從2005年臺商投資江蘇農業的分行業情況可以看出，他們投資的行業主要是農產品加工業，其中又以食品加工、園藝加工及種植為主。如表1-2所示。

表1-2　2005年臺商投資江蘇農業分行業情況

投資行業	食品加工	園藝加工及種植	畜禽養殖及加工	林產品種植及加工	水產品加工	其他①
項目個數	29	31	9	14	3	51
實際利用金額（萬美元）	3494.00	2050.5	512	758.48	224.2	3376.41
占總利用金額比（％）	33.55	20.69	4.92	7.28	2.15	32.42

資料來源：杜強，兩岸農業投資合作分析：以江蘇省為例，管理觀察，2008年8月，P204。
①這裡的其他包括蠶繭加工等前面幾種未包括的行業以及一些帶有綜合性質的農業投資。

第四,農業投資以大陸內銷市場為主。臺商投資農產品加工業和食品業以開拓大陸內銷市場為主要目的。許多臺資企業的產品如「康師傅」、「統一」、「旺旺」等食品已在大陸擁有很高的市場占有率,2009年,康師傅品牌的泡麵已占大陸市場的54%,飲料占46%,已形成了良好的品牌效應。

第五,農業投資企業以獨資為主。2005年、2006年臺商投資江蘇農業企業獨資經營情況如表1-3所示,從項目個數、總投資額、合約金額和實際到帳金額四個方面考察,獨資經營的比例都在70%以上,這種現象反映了兩岸農業中的一個不足之處,就是臺灣在大陸投資的農業項目對大陸農業、農村和農民的輻射作用比較弱。

表1-3　臺商投資江蘇農業企業獨資經營情況

單位:萬美元,%

年份	項目個數	占比	總投資額	占比	契約金額	占比	實際到帳金額	占比
2005	99	77.3	27 704	85.5	26 844	87.1	7328	70.4
2006	91	75.8	38 292	80.5	36 781	82.9	5125	72.0

資料來源:杜強,兩岸農業投資合作分析:以江蘇省為例,管理觀察,2008年8月,P204。

二、兩岸農產品貿易

兩岸農產品貿易開始於1979年海峽兩岸透過海上進行農產品買賣的民間小額貿易,經過三十年的發展,貿易額在波動中不斷增加,現今大陸已經成為臺灣重要的農產品貿易夥伴。根據蔣穎(2006)的研究,兩岸的農產品貿易依存度有上升趨勢,而且臺灣對大陸市場的依賴程度要高於大陸對臺灣市場的依賴程度。

表1-4　1989~2010年臺灣與大陸農產品貿易情況

單位：千美元，%

年份	台灣農產品進口總值	自中國進口總值	自中國進口比例1	台灣農產品出口總值	出口至中國總值	出口中國比例2	農產品貿易總額	農產品貿易差額
1989	6 285 416	75 596	1.20	3 813 037	—	—	—	—
1990	6 129 255	113 075	1.84	3 672 210	—	—	—	—
1991	6 352 613	162 254	2.55	3 836 036	—	—	—	—
1992	7 502 857	215 529	2.87	4 107 386	111	0.00	215 640	-215 418
1993	7 798 914	290 397	3.72	4 201 221	123	0.00	290 520	-290 274
1994	8 513 677	347 856	4.27	4 547 262	3 773	0.00	351 629	-344 083
1995	9 774 010	421 870	4.32	5 644 649	5 819	0.10	427 689	-416 050
1996	9 986 572	380 504	3.81	5 484 880	17 143	0.31	397 647	-363 360
1997	9 920 889	388 697	3.92	3 984 964	14 557	0.37	403 254	-374 139
1998	7 795 197	290 493	3.73	3 154 686	22 597	0.72	313 090	-267 895
1999	7 630 304	279 918	3.67	3 101 492	35 265	1.14	315 183	-244 653
2000	7 590 353	321 314	4.23	3 278 183	50 455	1.54	371 769	-270 858
2001	6 850 690	262 199	3.83	3 030 210	48 890	1.61	311 089	-213 308
2002	7 079 722	367 248	5.19	3 148 751	66 350	2.11	433 598	-300 898
2003	7 781 961	408 694	5.25	3 237 950	175 596	5.42	584 290	-233 098
2004	8 833 688	501 192	5.67	3 548 642	291 772	8.22	792 964	-209 420
2005	9 355 061	567 517	6.07	3 582 345	361 064	10.07	928 581	-206 453
2006	9 428 077	562 832	5.97	3 298 664	430 158	13.04	992 990	-132 674
2007	10 455 936	711 812	6.81	3 433 119	430 740	12.54	1 142 552	-281 071
2008	12 121 177	717 796	5.92	3 849 032	436 465	11.33	1 154 261	-281 331
2009	10 046 078	549 460	5.47	3 207 209	364 082	11.35	913 542	-185 378
2010	12 752 885	661 605	5.19	3 971 230	523 197	13.17	1 184 802	-138 408

資料來源：臺灣「行政院」農業委員會臺灣農產品外銷網，http://trade.coa.gov.tw。
①自大陸進口比例指臺灣自大陸進口農產品總值占臺灣農產品進口總值的比重。
②出口大陸比例指臺灣出口至大陸的農產品總值占臺灣農產品出口總值的比重。

兩岸農產品貿易主要表現為以下幾個特點：

第一，兩岸農產品貿易在波動中不斷發展，貿易量不斷擴大，尤其是在兩岸經濟貿易關係逐步正常化的2009和2010年，但總的來說發展緩慢。如表1-4所示，兩岸農產品貿易額從1992年的2.16億美元上升到2010年的11.85億美元；臺灣自大陸進口總值由1989年的0.76億美元增加到2008年的7.17億美元，自大陸

進口比例也由1989年的1.20%提高到2007年的6.81%。同時，出口至大陸的農產品總值由1995年的11.1萬美元增加到2010年的5.23億美元，達到歷史最高水平。由於2005年起，大陸推出一系列惠臺農業政策，臺灣出口至大陸的農產品逐年增加，出口至大陸的比例從2005年到2010年一直保持在10%以上，大陸已經成為臺灣重要的農產品出口市場。

第二，臺灣農產品貿易對大陸一直保持逆差。這與兩岸貿易中臺灣處於絕對的順差地位恰恰相反（2010年臺灣對大陸貿易順差額高達860.1億美元）。如表1-4所示，1989～2010年，臺灣農產品貿易對大陸一直保持逆差，逆差額在1.32～4.16億美元之間波動。加入WTO之後的2002～2006年，兩岸農產品貿易呈穩定的上升趨勢。表現在幾個方面：（1）臺灣自大陸進口農產品總值和比例逐年增加；（2）臺灣出口至大陸農產品的總值和比例逐年增加；（3）臺灣對大陸農產品貿易逆差逐年減小，由2002年的3.01億美元減小至2006年的1.32億美元。2007年和2008年連續兩年，兩岸農產品貿易額突破了11億元，但同時臺灣對大陸農產品貿易逆差又有大幅回升，達到2.8億美元。2009～2010年，臺灣對大陸農產品貿易逆差額較之前呈現逐步下降的趨勢。

第三，兩岸農產品貿易基本體現了比較優勢的原則，呈現出較強的互補性。如臺灣由大陸進口植物性中藥材、酒類等，而向大陸出口花卉及種苗、熱帶水果、遠洋漁產品、皮革等具有競爭優勢的農產品。

第四，在一些種類的農產品上，大陸已經成為臺灣重要的進出口市場。如在牛皮革、豬皮革、羊毛、其他農耕產品、羽毛及羽絨等農產品的出口上，大陸是臺灣排名第二、三位的重要市場；在玉米、雜類、其他農耕產品、牛皮革、棉花等農產品的進口上，大陸也是臺灣排名第二、三位的重要市場。2008年，在魷魚冷凍出口上，大陸已經成為臺灣最大的出口地，占臺灣此類水產品出口總值的30.5%；在牛皮革的出口上，大陸成為臺灣僅次於香港的出口地，占臺灣此類農產品出口總值的27.2%；在羽毛及羽絨的出口上，大陸是僅次於日本的出口地，占臺灣此類從產品出口總值的14.0%。

第五，大陸在臺灣農產品對外貿易中扮演越來越重要的角色。1999年，大

陸首次進入臺灣農產品的前十大出口市場（位居第十名），且其名次呈不斷上升的趨勢。2006~2010年，中國大陸已穩居臺灣農產品出口市場的前五強（表1-5）。

表1-5　2006~2010年臺灣主要農產品五大出口市場和進口市場

	排名	1	2	3	4	5
2006	出口市場	日本	香港	中國	美國	越南
	進口市場	美國	澳洲	日本	馬來西亞	中國
2007	出口市場	日本	香港	中國	美國	越南
	進口市場	美國	中國	日本	澳洲	馬來西亞
2008	出口市場	日本	中國	香港	美國	越南
	進口市場	美國	日本	澳洲	中國	馬來西亞
2009	出口市場	日本	香港	美國	中國	越南
	進口市場	美國	日本	澳洲	泰國	中國
2010	出口市場	日本	中國	香港	美國	越南
	進口市場	美國	巴西	澳洲	日本	馬來西亞

資料來源：根據臺灣「財政部關稅總局」資料整理。

三、存在的問題及原因

2008年馬英九上臺之後，六次「陳江會」的舉行，ECFA的簽訂以及兩岸經濟合作委員會的成立，取得了一系列的實質性成果，兩岸經濟往來不斷正常化、制度化，但是農業議題卻一直是「禁區」。其中，兩岸農產品貿易至今仍基本處於「單向」狀態，大陸市場對臺灣商品全面開放，臺灣出於種種考慮，採取了限制大陸農產品進口的政策。按照「臺灣與大陸地區貿易許可辦法」規定了兩岸農產品貿易和投資採取「間接貿易」和「正面列表」的方式進行有限交流，「間接

貿易」一直延續到兩岸均加入WTO之後的2002年，而限制性的「正面列表」則實施至今。目前，臺灣所有貿易貨品中農產品有2246項，截至2008年2月15日，臺灣允許自大陸進口（含有條件進口）的農產品1415項（占全部農產品的63%）。

兩岸農業投資方面，雖然大陸是臺灣農業對外投資的主要對象，農業投資又關乎農業的長期發展，但民進黨執政期間，臺灣對前往大陸投資的農民和農民團體「視而不見」，國民黨執政後，政策重點仍是大陸農產品進口的防疫檢疫，以及農業的智慧財產權保護等問題，缺乏長期對大陸農業投資的指導方案與管理策略。

臺灣在與大陸農業交流與合作方面一直採取迴避的態度，甚至「談農色變」，主要有政治和經濟兩方面的原因：

第一，政治因素是進一步發展兩岸農產品貿易的最大障礙。臺灣在防範臺灣農業技術跟著水果登陸而轉移以及所謂傷害臺灣農業競爭力、保護臺灣農民利益等藉口下，拒絕開展兩岸農業合作與擴大農產品貿易。事實上，臺灣害怕大陸有統戰的目的。2009年，臺灣農業產值只占GDP的1.55%，對臺灣經濟發展的影響並不大，而臺灣農民占臺灣總人口的12.9%（2009年），農業發展和穩定農民民心的政治意義遠遠大於經濟意義。此外，臺美貿易對臺灣農產品貿易具有深刻的影響，美國一直是臺灣重要的貿易對象，而農產品貿易一直扮演著平衡臺美貿易的重要角色。

第二，經濟上能否真正獲利也是臺灣考慮的一個重要因素。過去二十多年的農業合作，在他們看來似乎沒有收益只有損失。因此，問題的關鍵是他們能從兩岸農業合作中得到什麼？目前，臺灣農業面臨老農、休耕、農業競爭力降低等一系列的問題，如果能夠透過兩岸農業合作解決問題，臺灣何樂而不為？近期，筆者拜訪了臺灣農業界一些專家、學者，向他們請教了一個問題，「臺灣希望透過兩岸農業合作得到什麼？」比較一致的看法是：「希望可以和大陸共同開拓更大的農產品市場，前提是臺灣不擴大開放大陸的農產品進入臺灣市場。」顯然，更大的農產品市場意味著能增加農產品的銷量，而農產品的銷量增加就能在一定程

度上解決臺灣農業衰退、土地休耕等問題。那麼,透過兩岸農業合作能實現他們的願望嗎?目前看來並不容易。首先,國際農產品市場本來就是全球貿易自由化進展相對滯後的一個市場,世界各國政府給予的保護程度普遍高於其它市場。進入21世紀以來,各國對檢驗檢疫、食品反恐、農產品身分認證、知識產權、食品標籤等非關稅壁壘的運用有增無減。其次,大陸國內農產品市場本身還存在市場體系不完善、市場訊息不暢通、農產品質量不高、市場運行主體組織化程度不高等問題;在國際市場上有競爭力的農產品並不多,加入WTO後還面臨較大的農產品進口壓力。再次,現實的情況是,無論國際市場還是中國國內市場,水果、花卉以及茶葉等農產品大陸和臺灣是處於競爭的態勢。因此,本來農產品市場空間就很有限,想要擴大談何容易。既然很難得到自己想要的,臺灣方面不願意合作也就在情理之中。

第二節　兩岸農業交流與合作平臺的建設

一、各種形式的農業交流

　　兩岸的農業交流具有廣泛性,從先期以學術研討、技術交流等為主要形式到逐漸進入相互參觀、考察的深入階段。主要表現在:第一,兩岸農業交流與合作參與的人員在不斷增加,層次不斷提高,範圍不斷擴大,內容不斷豐富。交流的人員除了企業界人士,還包括眾多的農業專家、教授與農業社團組織,兩岸高層級學術研討會上,雙方主要的官員也以專家身分直接參與交流;交流的內容則擴展到農業發展方向的探討、農業合作模式的討論、農業管理經驗的交流、農業技術、水土保持、農田水利、農產品批發市場建設和運作、農村經濟組織的構架與運作等領域。第二,技術交流方面,早在1970年代就有臺灣部分優良品種經第三地引進大陸。兩岸政策開放後,大陸從臺灣引進的種源與優良品種的範圍和種類不斷增加,同時臺灣也逐漸從大陸引進種源。更多的技術交流還是透過臺商投

資於大陸農業領域，使得大陸在植物組織培養、脫毒技術、工廠化育苗技術、速凍保鮮、包裝技術、畜產品綜合深加工、有機生物肥等領域取得了較大進展。

　　近兩年，隨著兩岸經濟關係的逐步正常化、制度化，從2009年11月江蘇省委書記梁保華開始，大陸多個省市一把手陸續率團訪臺，農業的交流與合作是其中重要的組成部分。湖北省委書記羅清泉親自走訪當地農戶，山東將加大對臺灣工農產品採購力度，浙江省省長呂祖善訪臺期間，浙臺農業合作達成多項成果，浙江省新農村建設促進會與臺灣海峽兩岸農業協會簽訂了《高級農民培訓合作意向書》，義烏國際森林產品博覽會組委會與南投縣農會簽訂了《南投縣森林產品赴義烏森博會展示展銷合作協議》，浙江省茶葉公司與南投縣農會簽訂了《茶葉產銷合作協議》。值得一提的是，一些民進黨人士在兩岸農業交流與合作這一問題上的態度有所轉變。2008年7月12日至19日，雲林縣縣長蘇治芬到大陸北京、天津行銷農產品，成為首位訪問大陸的綠營縣市長；民進黨籍臺南縣長蘇煥智於2010年6月15日至23日率團到北京、上海等地推銷臺南芒果，舉辦推廣活動。2011年1月14日至20日，屏東縣長曹啟鴻率團前往青島、日照及福建廈門等地，進行農產品營銷與農業參訪。這些都為擴展兩岸農業交流的空間創造了良好的條件。

　　目前，兩岸農業的交流與合作已不僅限於透過各種形式的論壇、研討會、博覽會等來促進農業技術、農業市場訊息的溝通，2009年7月20日〜22日由農業部海峽兩岸農業交流協會與臺灣省農會共同主辦、在上海朱家角鎮舉行的首屆「兩岸鄉村座談——大交流背景下兩岸基層農業交流與合作」活動。2010年6月，浙江省省長呂祖善訪臺期間，來自浙江的五個村長與高雄縣燕巢、大樹、六龜鄉五個村長，討論兩岸農業產銷現況；呂祖善表示，這是交流第一步，將來要建立長期合作機制，從五個村長增加到五十個、五百個，讓兩岸農業合作更牢固。這些都標幟著兩岸農業的交流與合作已經從單純的技術層面和農產品貿易階段步入了兩岸基層農業生產者、組織者直接交流和溝通的新階段。

二、海峽兩岸農業合作試驗區和農民創業園

雖然在1990年前後，臺灣農業開始陸續投資大陸，但受氣候、土壤、環境的影響，投資地域主要集中在海南、福建、江蘇等地，規模不大，小的只有幾十畝地，大的不過200、300畝地，多以蔬菜、花卉水果和養殖業為主。據清華大學臺灣研究所劉震濤所長介紹，1991年，他隨國務院領導去海南考察，看到了幾家由臺灣農民經營的「反季節」甜瓜，雖然品質較好，市場也歡迎，但據說這還不是臺灣最好的品種。隨著農業各項交流的展開，大陸對臺灣農業有了較為全面、深入的瞭解，再加上這些先期進入大陸投資農業的實踐，也為我們提供了很多經驗，逐漸地對深化兩岸農業合作有了新的思維，於是開創兩岸農業合作試驗區的模式應運而生。歸納起來，成立試驗區的目的有三個：（1）引進先進的農業技術，並有利於知識產權方面得到保護；（2）創造條件將分散的小規模的農業經營，擴大成規模經營，有利於提升規模效應；（3）結合大陸農村的實際情況，吸收臺灣農業組織的某些成功經驗，有利於改善大陸農業經營管理狀況。這三個目的正如海峽兩岸農業交流協會會長於永維曾高度概括的「四個作用」：探路作用、窗口作用、示範作用和輻射作用。而「農民創業園」的目的比較單純，主要是為了方便臺灣個體農民在大陸創業而設置的平臺。可見，建立兩岸農業合作試驗區和臺灣農民創業園的目的不盡相同。

自1997年7月，國臺辦、原外經貿部、農業部首次批准福建福州、漳州兩市為大陸首家海峽兩岸農業合作試驗區起，目前大陸已有9省市相繼成立了海峽兩岸農業合作試驗區；自2006年4月10日，農業部和國臺辦批准在山東棲霞和福建漳浦設立了首批臺灣農民創業園起，目前大陸已有12省相繼設立了臺灣農民創業園。表1-6所示為兩岸農業合作試驗區和臺灣農民創業園一覽表。

表1-6　大陸海峽兩岸農業合作試驗區與農民創業園一覽表

合作平台	設立時間	審批單位	設立地區
海峽兩岸農業合作試驗區	1997 年 7 月	國務院	福建（漳州、福州）
	1999 年 3 月	農業部、原外經貿部、國台辦	黑龍江（農墾示範區、哈爾濱、牡丹江、佳木斯、大慶）、山東（平度）、海南省
	2001 年 4 月		陝西（楊凌）
	2005 年 7 月		福建省
	2006 年 4 月		廣西（玉林）、廣東（佛山、湛江）
	2006 年 10 月		江蘇（揚州、昆山）、上海郊區
農民創業園	2006 年 4 月	農業部、國台辦	福建（漳浦）、山東（栖霞）
	2006 年 10 月		四川（新津）、重慶（北碚）
	2008 年 2 月		福建（漳平永福）、湖北（武漢黃陂）、廣東（珠海金灣）、江蘇（無錫錫山）
	2008 年 12 月		江蘇（南京江寧）、廣東（汕頭潮南）、雲南（昆明石林）
	2009 年 5 月		福建（莆田仙遊）、福建（三明清流）、安徽（巢湖和縣）、江蘇（淮安淮陰）
	2009 年 11 月		浙江（蒼南）、湖南（岳陽）、浙江（仙居）、四川（鹽邊）、黑龍江（五道崗）
	2010 年 5 月		江蘇（鹽都）、江蘇（江海）、安徽（廬江）、廣東（梅縣）、浙江（慈溪）

資料來源：根據http://www.chinataiwan.org/zt/jlzt/agricultural20y/cyy/，http://www.chinataiwan.org/zt/jlzt/agricultural20y/syq/和http://www.agrihx.com/整理。

　　海峽兩岸農業合作試驗區和農民創業園的建立在促進兩岸農業交流與合作方面取得了良好的成效。據不完全統計，截至2008年年底，投資大陸的臺資農業企業已有5900餘家，投資大陸的農業臺資達到69億美元，進入各試驗區和創業園的臺資農業企業4800多家，試驗區和創業園實際利用臺資55億美元，占臺灣投資大陸農業實際金額的79%。各試驗區和創業園從臺灣引進了大量優質農產品良種技術；充分利用和發揮項目的帶動作用，形成了規模化的臺資集中區。在資金、技術、項目帶動的同時，臺資農業企業和臺灣農民帶來了先進的經濟組織模式、管理經驗，也增進了兩岸人民的感情交流。

三、存在的問題

儘管海峽兩岸農業試驗區和臺灣農民創業園在許多方面取得了顯著的成效，但是也存在一些問題，使得園區的功能沒有得到充分的發揮。根據筆者對一些海峽兩岸農業試驗區和農民創業園的實地走訪，發現主要有以下幾個方面的問題：

第一，園區定位模糊。不少地方已將兩岸農業合作試驗區悄悄地變成了當地政府對外招商引資的新平臺，而且投資的也並非全是農業或與農業相關的企業，各行各業的企業都有，與經濟技術開發區的區別不明顯。政府在招商的過程中，不一定要臺資企業，只看實力，誰的實力強誰就可以到園區來投資。如筆者走訪的一個園區，50家企業中臺資企業不到10家，而且主要以內資為主。另外，各園區之間的重點合作領域存在不同程度的同質化問題，這樣必然引起各園區之間的競爭。

第二，政府扶持政策不到位。無論是「試驗區」或「創業園」，目前均無特殊的優惠政策，加上園區面積範圍一般都只有幾平方公里到幾十平方公里，區內農戶遍布，較難形成整塊可耕地，因此有人形容園區是「無政策、無優惠、無支持」的「三無」園區。最突出的問題是建設資金不足，園區前期投入和後續建設需要大量的資金，包括農戶搬遷、土地補償、基礎設施建設等方面，政府的投入是遠遠不夠的。如重慶北碚臺灣農民創業園，北碚區每年撥付500萬元，重慶市政府撥付500萬（連續5年），這些資金對於園區的基礎設施建設和土地綜合整治的費用是遠遠不夠的。同時當地政府希望引進技術和管理水平較高的項目，但一些臺資企業又達不到要求，只好放棄。事實上，由於缺乏比較利益及農業投資回收期長等因素，再加上農業貸款沒有保障，農業投資不是企業的最愛。而真正有意前來大陸投資農業的絕非財團、農業企業，而是「小農戶」，但由於土地成本太高，他們不一定會選擇「農業合作試驗區」和「農民創業園」。這表明「園區在替有意前往大陸投資的臺商、臺農排除各種投資障礙，降低其農業項目投資風險方面做得還很不夠」。

第三，園區軟體建設滯後。雖然每個園區都有不少優惠條件，包括較完善的

基礎設施、稅收、土地租金等,但是由於農業的特殊性,投資回收期長,風險比較大,而相應的融資和保險政策不健全。加之臺灣的農會制度發展的比較健全,臺灣農民、農業企業已經非常依賴農會為他們提供產銷、技術、生產、融資等全方位的服務,而在大陸,碰到這些方面的問題幾乎無處尋求幫助。這些軟體建設的缺失都在一定程度上影響了他們的投資積極性。

第四,沒有真正體現出「合作」。在試驗區和創業園,很多臺資企業都是獨資經營,園區只是負責提供基礎設施,臺資企業的技術溢出效應低,同時區內的農業和區外的農業並無聯繫,甚至於區內有些臺農害怕區外大陸農民「偷學」技術而採取「封閉」措施。並沒有真正體現出兩岸農業的合作,更談不上合作的成效。

第五,園區建設中的土地問題和農民問題。一方面,建設園區就要對土地集中經營和管理,如何對農民的土地進行合理流轉是首先要解決的一大問題,其次是農業用地違規使用問題。目前許多城市對農業發展的定位是發展都市農業,因此借鑑臺灣的成功經驗在試驗園內發展休閒、觀光農業,而發展休閒、觀光農業就意味著會有餐廳、招待所及其他必要的配套設施。而這些設施所占用的土地並不屬於農業用地,所以就會千方百計地讓相關服務與農業掛鉤,造成事實上侵占農業用地的情況發生,這是在園區開發和營運過程中存在的一個比較棘手的問題。另一方面是要處理好園區所在地農民的問題,除了土地流轉、補償之外,要避免當地農民和臺灣企業之間的矛盾,解決好失地農民的就業和收入可持續問題。

第六,對臺灣農業知識產權的保護重視不夠、措施不力。目前,大陸對臺灣農業知識產權的侵害問題比較嚴重,搶注臺灣農特產品地名、仿冒以及各種商標搶注案件時有發生。截至2008年11月,臺灣水果行銷大陸可謂在起步階段,但中國市場上打著臺灣品牌的品質不佳的水果已比比皆是,根據分析應是海南島等地所產。這一情況的出現,已嚴重影響了大陸消費者對臺灣水果的信心,是今後銷售必須面對、尋求解決的嚴峻考驗。

第三節　兩岸農業交流與合作的特點和發展趨勢

目前，兩岸農業交流與合作的特點和發展趨勢主要表現在以下幾個方面：

一、以農產品貿易為主

農產品貿易是兩岸農業交流與合作最活躍的部分，貿易量在波動中不斷攀升。由於兩岸農業內部結構不同，農產品的種類和質量也有不同，因此兩岸民眾對農產品的需求有一定的互補性，這就為兩岸農產品貿易客觀上提供了動力。同時，兩岸又各自具有競爭優勢的產品，如臺灣的水果和花卉，大陸的中藥材、名煙名酒等。兩岸農產品貿易的依存度在不斷提升，2008年大陸已經位列臺灣農產品出口市場的第二名（見表1-5）。而這一切都還是在臺灣對大陸嚴格的農產品貿易限制下實現的，因此，未來隨著兩岸政治關係的不斷緩和，相信臺灣農產品貿易政策限制會逐步放寬，特別是ECFA的簽訂，大陸單方面在早期收穫清單中同意十八種農、漁產品零關稅進入大陸。這無疑為兩岸農產品貿易造成了加速作用，兩岸農產品貿易的前景會更加樂觀。

二、投資規模不大，地區分布不均勻

由於農業屬於缺乏比較利益的產業，投資回收期長，加上臺灣在政策上的限制，因此願意到大陸投資農業，尤其是種植業、畜牧業、漁業、林業等農業初級產品的農民、漁民並不多，投資者主要是一些早期在大陸投資的臺灣中小企業，由於轉型而「半路出家」的農業生產企業，以及原本從事食品加工業的農業生產企業，投資規模都不是很大，2006～2008年，臺灣到大陸投資的農業項目共15

個，投資額共4162.2萬美元，平均每個項目為277.48萬美元（見表2-1），僅占臺灣對大陸投資總額比重的0.15%，同時，臺商對大陸農業投資地點相對隨機造成地區分布不均。目前投資區域以大陸東南沿海地區為主，主要集中在福建、海南、江蘇、上海、廣東、浙江、山東7個省市，約占農業投資總額的80%，目前有投資重心逐漸向西轉移到四川、重慶、內蒙古等省市的趨勢。同時受到大陸人民生活水平日益提升，內銷市場不斷擴大的影響，人們對農產品品質和品種的多樣化要求越來越迫切，激起了兩岸投資者的熱情，投資規模逐漸擴大，並且對農業生產基地的選擇也更多地與物流、市場條件、當地農業基礎資源相結合，出現了相對集中的新格局，這無疑是今後兩岸農業合作的新趨勢。

三、規模化經營，發展產業鏈，形成供應鏈，推進市場化

現代產業發展的重要趨勢之一就是一、二、三產業界限日益模糊，未來的農業會包括種植、加工、旅遊、培訓、展銷等一系列關聯產業，逐步實現「經營規模化，發展產業鏈，形成供應鏈，推進市場化」，有專家稱其為「『一產』×『二產』×『三產』＝『第六產業』」。臺資農業企業「公司＋農戶」、「公司＋專業合作社＋農戶」、「公司＋基地＋農戶」等相關經營模式和理念正逐步滲透到兩岸農業合作中，帶動了大陸農業企業的發展，成為未來兩岸農業合作發展的主要趨勢之一。天福集團就是一個成功的典範。1992年，在臺灣企業經營面臨重大危機的臺商李瑞河，到福建漳浦創建了天福集團。目前天福集團在中國大陸開設967家「天福茗茶」直營連鎖店，天福集團現有天福茶業有限公司茶廠（福建漳州）、天元茶業有限公司茶廠（福建福州）、夾江天福觀光茶園有限公司茶廠（四川樂山）、天仁食品廠（福建漳州）、天福茶食品廠（四川樂山）、安溪天福鐵觀音茶廠、華安天福鐵觀音茶廠、天福龍井茶廠（浙江新昌）、天福普洱茶廠（雲南昆明）等9家生產工廠；2家茶博物院，2個高速公路服務區，1

個「唐山過臺灣」石雕園,全球第一所茶專業高校——天福茶學院。天福集團集茶業生產、加工、銷售、科學研究、文化、教育、旅遊為一體,是當前世界最大的茶業綜合企業。

四、發展精緻農業、特色農業、休閒農業

發展精緻農業、特色農業和休閒農業是未來農業發展的又一個趨勢。從1965年成立第一家觀光農園開始,臺灣休閒農業已經走過了30多年的發展歷程,特別是到1980年代以後,臺灣休閒農業發展迅速,呈現出觀光農園、市民農園、教育農園、休閒農場、休閒森林、休閒民宿等多元化的發展形態。近年來,臺灣又將休閒農業的發展目標定位在「國際觀光水準」上,休閒農業由簡單的觀光農園發展到綜合性的休閒農場、休閒農業區。雖然臺灣土地面積有限,但這類觀光農業園具有「小而優」、「小而特」的特色。而目前,大陸約有數千家休閒農業企業,並形成了各具特色的產業模式,欣賞民間文化、休閒觀光垂釣、登山觀景、體驗農家生活等休閒旅遊已成為許多都市民眾假日生活的重要組成部分。2011年2月25日,中國旅遊協會休閒農業與鄉村旅遊分會、中國旅行社協會和中青旅控股股份有限公司在京聯合召開發布會,向社會公布了由中國旅遊協會休閒農業與鄉村旅遊分會評定的首批40家全國休閒農業與鄉村旅遊星級企業(園區),標幟著大陸休閒農業與鄉村旅遊業進入了快速發展、規範提升的新階段。因此,休閒農業、特色農業將成為未來兩岸農業合作的又一亮點。臺商王九全先生在江蘇崑山創辦的「星期九農莊」已經被打造成為海峽兩岸農業合作「優秀試驗田」,2009年6月9日正式被命名為海峽兩岸農業合作試驗區首個示範點。

星期九農莊又名「星期九休閒生態農莊」,農莊實行多元化發展,集生態美食、動物、蔬果採摘、特色餐飲、香草、花卉於一體,幾乎融合了所有農莊的休閒功能。與其他農莊的不同之處在於,它不僅提供了休閒渡假場所,還運用了很

多臺灣的先進農業科技，如已經獲得多國專利的游龍播種器和「醋菌」的廣泛使用，從而提升自身產品的品質。雖然規模不算大，但堪稱形成了「小而特」、「小而美」的農業新形態。

海峽同根　情寄農桑：兩岸農業比較與合作研究

第二章　兩岸農民合作組織制度比較

　　兩岸農業交流與合作已經走過了三十年的歷程，主要表現為兩岸農產品貿易和臺灣對大陸的農業投資。隨著2008年馬英九上臺，兩岸經濟關係逐步緩和，儘管臺灣明確表示，ECFA的簽訂與農業無關，但兩岸經貿關係的改善和逐步制度化為兩岸農業擴大合作的空間，創新合作的模式，實現兩岸農業的共同發展帶來了新的契機。2010年春節期間，中共中央總書記胡錦濤在福建龍岩、漳州、廈門等地考察時專門趕赴漳浦臺灣農業創業園看望當地臺商，這對於加強兩岸農業合作發出了一個非常有利的信號。國臺辦發言人范麗青在談到兩岸農業合作時，強調要不斷加強兩岸在農業訊息技術、人才培訓、農民組織建設方面的交流合作，積極探索開闢兩岸農業交流與合作的新渠道、新平臺。其中，農民組織建設將作為兩岸農業合作的重要領域之一，以農會為主要形式的臺灣農民合作組織發展歷史悠久，積累了豐富的發展經驗，而隨著《中華人民共和國農民專業合作社法》的頒布，大陸的農民合作組織的建設也進行得如火如荼。因此本章將對兩岸農民合作組織的發展做較全面的比較。

第一節　定義和性質

一、大陸的農民專業合作社

　　2006年10月31日第十屆全國人民代表大會常務委員會第二十四次會議通過，於2007年1月1日正式實施的《中華人民共和國農民專業合作社法》（以下

簡稱《農民專業合作社法》），使用了「農民專業合作社」的稱謂。同時給出了明確的定義（該法第二條）：農民專業合作社是在農村家庭承包經營基礎上，同類農產品的生產經營者或者同類農業生產經營服務的提供者、利用者，自願聯合、民主管理的互助性經濟組織。而在該定義之前，對於此類組織的稱謂可謂五花八門，如農民專業合作經濟組織、農村合作經濟組織、農業合作經濟組織、農民專業合作組織、農民合作組織以及專業合作社、專業技術協會、專業協會、產業化協會、聯合體、研究會等等。

《農民專業合作社法》第一條為：「為了支持、引導農民專業合作社的發展，規範農民專業合作社的組織和行為，保護農民專業合作社及其成員的合法權益，促進農業和農村經濟的發展，制定本法」。同時規定：農民專業合作社依照本法登記，取得法人資格。

二、臺灣的農會

臺灣的農民合作組織包括農會、漁會、農田水利會、農業合作社、農業產銷班、農業策略聯盟等形式，其中農會是最具活力的農民團體和綜合性的農業合作組織。因此我們在本文中將以農會作為重點研究對象。

臺灣的「農會法」規定：農會以保障農民權益，提高農民知識技能，促進農業現代化，增加生產收益，改善農民生活，發展農村經濟為宗旨。農會為法人。農會之主管機關：在「中央」為「行政院農業委員會」；在「直轄市」為「直轄市政府」；在縣（市）為縣（市）政府。同時，「農會法」還規定了包括經濟、金融、推廣、保險等方面的21項農會的任務。

三、比較

從兩岸相關法律規定中對於農民專業合作社和農會的定義來看，相同點表現在：首先，組織設立的原則相同。大陸的《農民專業合作社法》明確了農民專業合作社的重要原則之一也是「民辦、民管、民受益」；而臺灣透過改革，把農會建成了「農有、農治和農享的公益社團法人」。第二，設立的宗旨相同。最終目標都是為了發展農村經濟、保護農民利益、改善農民生活。第三，它們都是法人，都要按規定登記註冊。不同點主要有三個方面：第一，大陸的農民專業合作社強調的是其經濟功能，而臺灣的農會是一個綜合性的農民合作組織。第二，大陸的農民專業合作組織向工商行政管理部門登記註冊後，成為獨立的法人，作為市場主體進行相應的活動和業務。而「縣級以上各級人民政府應當組織農業行政主管部門和其他有關部門及有關組織，依照本法規定，依據各自職責，對農民專業合作社的建設和發展給予指導、扶持和服務」（《農民專業合作社法》第九條）。並沒有明確的主管機關；而臺灣的農會是一個半官方的組織，農會的各項事務要受確定的主管機關的監督和指導。第三，成員的構成不同。在大陸，具有民事行為能力的公民，以及從事與農民專業合作社業務直接有關的生產經營活動的企業、事業單位或者社會團體，都可以成為農民專業合作社的成員；而臺灣的「農會法」對會員資格（分正式會員和贊助會員）及其相應的權利都有嚴格的規定。

第二節　發展歷程

一、大陸農村合作組織發展歷程

在民國時期，中國就有合作社思想的傳播，並有許多實踐的嘗試，如華洋義賑會在河北香河、梁漱溟在山東鄒平、晏陽初在河北定縣進行的合作社試驗。1921年中國共產黨成立後，合作社運動是工農運動的重要組成部分。新中國成立後，合作社的發展又經歷了農業合作化運動時期、人民公社時期以及改革開放

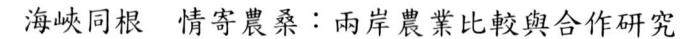

後的農民合作組織的起步、發展和不斷規範等幾個階段。呂新業、盧向虎（2008）、于建嶸（2007）、胡振華（2009）、汪小平（2007）等在研究大陸農民合作組織問題時，都曾對其發展歷程做了總結和概括。其中，于建嶸先生的研究較為詳細和全面，如表2-1所示。

表2-1　中國農村合作組織發展歷程表

時間	組織	特點	功能	評論	備註
民國時期 (1911－1949)	早期合作組織	菁英份子推動組織	經濟互助、社會服務性	總體數量不多，涵蓋面小，不具有普遍性，也對中國農村社會發展造成全局性或根本性的影響	

續　表

時間	組織	特點	功能	評論	備註
新中國成立初期 (1952－1957)	互助組	互助	經濟、主要解決糧食生產問題	按自願、互利的原則，幾戶或十幾戶組成的小規模組織	帶有社會主義萌芽性質
	初級合作組織	生產資料互助			
	高級合作組織	土地入股、集體經營	經濟共有	以運動方式發展合作化，嚴重違背「入社自由、退社自由」原則，為後來「左傾」冒進錯誤埋下伏筆	社會主義性質，不是真正的合作組織
社會主義建設時期 (1958－1978)			政治＋經濟	成員變成單純的勞動工具；無法衡量個體勞動效率、無法調動個體積極性；異化成為政治服務，意識形態色彩極濃	不是合作組織
改革開放初期 (1979－1991)			經濟合作	農業合作組織還僅僅處於起步階段，他們中的大多數只能稱作「協作體」，不是真正意義的合作組織	
社會主義市場經濟體制建立和發展時期 (1992－2006)			經濟合作	農村合作組織不僅得到快速發展，而且組織的內容和形式也得到較大創新	
專業合作組織法頒布實施時期 (2007－　)			經濟、社區等公共事業		政治性維權組織尚未得到法律認可

資料來源：于建嶸，2007年講稿。胡振華，中國農村合作組織分析：回顧與創新，北京林業大學博士學位論文。

二、臺灣農民合作組織發展歷程

臺灣農民合作組織包括農會、農業合作社、農業產銷班和農業策略聯盟等，其中最重要也最具有官方色彩的是農會，而其他形式則是隨著臺灣農業的發展和農民自身的需要而不斷產生的。從1900年成立第一家臺北縣三角湧（今三峽鎮）農會起，臺灣農會的發展已經有一百多年的歷史，主要的發展歷程如表2-2所示。

表2-2　臺灣農民合作組織發展歷程表

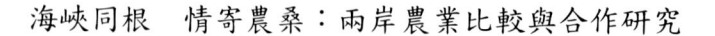

主要形式	發展歷程	相關法律	性質	功能
農會	日據時代 (1900－1945)	《台灣農會規則》8條和《台灣農會規則施行細則》27條(1908年)、《台灣農會令》(1938年)、《農業團體法》(1943年)、《台灣農業會施行規則》(1944年)	半官方	綜合性：經濟性、教育性、社會性和政治性
	光復後至農會改組前 (1945－1953)	修正「農會法」(1948年)、《改進台灣省各級農會暫行辦法》(1952年)		
	農會改組至「農會法」公布前 (1953－1974)			
	「農會法」公布後 (1974－)	新「農會法」(1974年)		
農業合作社	「農會法」公布後 (1974—)經歷了與農會的分分合合。1949年農會與合作社合併；1952年合作社的發展停止；1974年合作社重新受到重視，頒布了「農業合作社法」	「合作社法」(1974年)	民間	專業性、綜合性（業務）
農業產銷班	1970年產生，1992年頒布《農業產銷經營組織整合實施要點》。		民間	專業性
農業策略聯盟	成立於2000年		民間	專業性

三、比較

從大陸和臺灣農民合作組織的發展歷程來看，大陸農民合作組織的發展更加曲折，新中國成立以後到改革開放之前，曾經一度嚴重違背合作社的原則，異化成為政治服務，意識形態色彩濃厚。改革開放之後，建立在家庭聯產承包責任制基礎上的各類農民合作組織應運而生，發展勢頭良好，但也存在許多問題，如組織規模小、制度安排缺失、官辦色彩濃厚、開展業務的侷限性很大等。2007年1月1日頒布實施的《中華人民共和國農民專業合作社法》，是中國農民專業合作

組織建設與發展史上的里程碑，成為農村經濟發展的重要力量。截至2009年12月底，全國農民專業合作社24.64萬家，比2008年底增長122.2%；實有入社農戶約2100萬戶，占全國農戶總數的8.32%，農民專業合作社的涵蓋面還很小。

臺灣的農會雖然先後經歷了官治和紳治等不同階段，但農會的發展具有連續性，涵蓋面廣，其體制、機制、功能、業務等都在不斷完善與提升，現在已經成為一個組織嚴密、結構合理、分工明確的民主管理組織。臺灣現有農會組織遍及各行政區域，截止到2009年11月，臺灣共有各級農會302家；到2008年，各級農會擁有個人會員1,810,748人，其中正式會員1,005,826人，占會員總數的55.55%，贊助會員804,922人，占會員總數的44.45%。

第三節　主要功能

大陸的農民專業合作社與臺灣的農會相比，其發揮中介作用的範圍、方式和達到的目標效果有較大的差別。

一、大陸——經濟功能

目前，大陸的農民專業合作社「以其成員為主要服務對象，提供農業生產資料的購買，農產品的銷售、加工、運輸、貯藏以及與農業生產經營有關的技術、訊息等服務」（《農民專業合作社法》第二條）。因此，大陸的農民專業合作社發揮的主要是經濟方面的服務功能，根據中國農民專業合作社提供的服務，可分為技術服務型、採購型、銷售型、加工型和綜合型五種基本類型，其中技術服務型和產加銷綜合服務型是其主要形式。改革開放後三十多年的發展過程中，各種形式的經濟性質的農民合作組織對解決三農問題的作用是毋庸置疑的，主要表現在：增加農民收入，提高了農民的科學文化素質，在一定程度上促進了農村經濟

的發展；更重要的是加強了農民和政府之間的溝通，促進了政府職能的轉變，同時加快了農村民主管理的進程。但同時也暴露出不少問題，這些問題阻礙了經濟功能的充分發揮和有效性，主要表現在兩個方面：第一，政府職能的缺失與越位同時並存。缺失表現為對農民合作組織的財政支持力度太小、金融支持也很有限，不能有效解決農村相關行政部門（村委會、糧食部門、國家農業生產資料供應部門、農村信用社等）與農民合作組織的利益關係問題；越位主要表現在：農民合作組織沒有明確的主管部門，造成相關部門（農業局、農委、科協、農技站、經管站等）都參與管理，最後導致行政色彩濃厚，農民參與的積極性降低。第二，農民合作組織自身的問題。一方面表現為組織內部管理機制和運營機制不完善（決策不民主、職能不完善、業務單一）造成組織的發展能力弱，穩定性差；另一方面表現為農民文化層次低、技術水平低、合作能力不強，組織的技術、管理人才缺乏。

二、臺灣——綜合功能

臺灣農會是其當局農業政策的執行機關，同時也是農民表達、維護自身利益的一個重要機制。借助於農會，臺灣農民具有了與行政當局談判的重要能力，從而可以保障自己的權益不受侵害。目前，大多數文獻把臺灣農會定位為「多目標、多功能」的農民合作性團體。如圖2-1所示，臺灣的農會兼具經濟性、政治性、教育性和社會性功能。

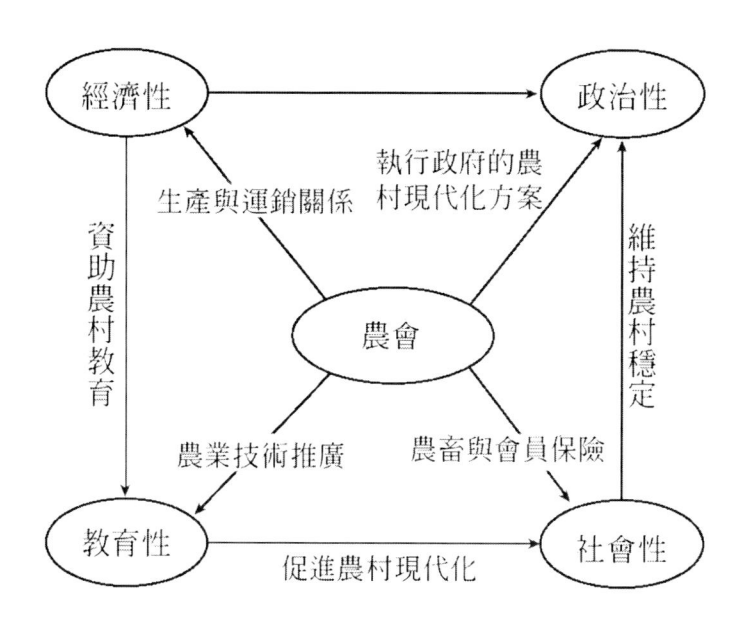

圖2-1　臺灣農會多功能目標

資料來源：廖坤榮，臺灣農會與農村永續發展：公私夥伴途徑分析，兩岸鄉村治理比較，社會科學文獻出版社，2008.11，P302。

臺灣「農會法」規定，農會的任務包括以下二十一項：（1）保障農民權益、傳播農事法令及調解農事糾紛；（2）協助有關土地農田水利之改良、水土之保持及森林之培養；（3）優良種籽及肥料之推廣；（4）農業生產之指導、示範、優良品種之繁殖及促進農業專業區之經營；（5）農業推廣、訓練及農業生產之獎助事項；（6）農業機械化及增進勞動效率有關事項；（7）輔導及推行共同經營、委託經營、家庭農場發展及代耕業務；（8）農畜產品之運銷、倉儲、加工、製造、輸出入及批發、零售市場之經營；（9）農業生產資材之進出口、加工、製造、配售及會員生活用品之供銷；（10）農業倉庫及會員共同利用事業；（11）會員金融事業；（12）接受委託辦理農業保險事業；（13）接受委託協助農民保險事業及農舍輔建；（14）農村合作及社會服務事業；（15）農村副業及農村工業之倡導；（16）農村文化、醫療衛生、福利及救濟事業；（17）農地利用之改善；（18）農業災害之防治及救濟；（19）代理公

庫及接受行政機構或公私團體之委託事項；（20）農業旅遊及農村休閒事業；（21）經主管機關特準辦理之事項。這些任務涵蓋了農業金融、保險、加工、貿易、教育、農業推廣、醫療衛生等廣泛的業務內容。因此，我們說臺灣農會發揮中介功能的範圍廣，方式多樣，在保障農民權益、改善農民生活、促進農業現代化以及維持農村穩定等方面扮演了非常重要的角色。

三、比較

從兩岸農民合作組織功能的對比來看，二者的共同點表現在它們都是連接農民與行政機關的中介，都具有經濟功能。不同點主要表現在：第一，臺灣農會的功能具有綜合性，而大陸的農民專業合作社只具有單一的經濟功能；第二，透過農民合作組織功能的發揮達到的目標效果不同。農會是臺灣最重要的農民合作組織，除此之外，也有像大陸一樣主要承擔經濟功能的農業合作社、農業產銷班和農業策略聯盟等農民合作組織，它們主要負責農業生產、加工和流通等生產性業務的工作，它們之所以能夠充分發揮在各自領域的功能和作用，一方面由於它們是適應農業發展、市場需要而產生的，更重要的一點是因為它們是農會的有力補充，與農會形成了合理分工的組織結構。而大陸的農民專業合作社由於市場化程度、政府政策、農民素質、組織自身運作等主客觀、內外部各方面因素的障礙使得其多方面的經濟功能不能有效協調，發揮好應有的作用。

第四節　主要模式

一、大陸農民合作組織的模式

目前,「公司＋農戶」是大陸農民專業合作社的典型模式,包括「合約契約式」和「出資參股式」。「合約契約式」主要包括三種形式:(1)「龍頭企業＋農戶」。這類模式是一種契約關係固定的鬆散聯合,主要是公司同鄉政府、村委會或中介組織簽訂購銷合約,這些地方機構或中介組織再給農戶下訂單或者龍頭企業直接與農戶簽訂合約,與農戶發生產銷關係。這種模式一方面解決了農戶生產、銷售當中的一些問題,同時企業也能獲得較穩定的貨源;但另一方面,由於企業與農戶對長期合作的預期差、雙方的交易關係中缺乏足夠的信任,沒有形成相互激勵、相互約束的利益調節機制,容易產生短期行為,雙方都有違約的可能。(2)「公司＋合作社(協會)＋農戶」。作為聯繫公司與農戶的中介,合作社一方面為農戶提供購買生產資料、技術培訓等服務,另一方面作為集體組織,能夠在一定程度上加強農戶與政府的溝通,提高與公司討價還價的能力,從而保護農戶的利益。但是合作社是否能夠扮演好農戶「代言人」和利益「維護者」的角色要取決於合作社管理層的綜合素質及合作社內部完善的管理監督機制和利益調節機制的建立。(3)「公司＋大戶＋農戶」。在該模式中,大戶和合作社的作用基本相似。但大戶與合作社又有不同,一方面受資金、人才、技術等限制,他們不可能為農戶提供一些相應的服務,另一方面,他們與合作社相比,可能有更強的利潤最大化動機的驅動,因此在處理與公司和農戶兩方面的關係時,出現問題的可能更大,會使這種本來就鬆散的契約關係變得更不穩定。

「出資參股式」是指農戶以土地或資金向企業入股,農戶可以作為投資者獲得資本收益或土地使用權轉讓帶來的收益,而企業則可以獲得生產建設需要的土地資源、增強資本實力,從而實現企業與農戶利益的雙贏。而這種方式一方面存在企業控股者剝奪農戶知情權、損害農戶利益的風險;另一方面意味著農戶要承擔企業的經營風險,尤其是以土地入股,如果企業一旦經營失敗,如果土地不能復墾,農戶將遭受嚴重的利益損失,甚至失去了最基本的生存保障。

從以上對大陸農民專業合作社典型模式的介紹,我們可以看出無論是採取什麼方式,「公司＋農戶」都是在公司主導下的一種模式,農戶很少有真正參與管理和決策的權利,農戶的利益不能得到很好的保障,不能夠體現農民專業合作社的「民辦、合作、民管、民受益」的重要原則。

二、臺灣農民合作組織模式

　　臺灣的農會之所以能夠發展百年，不斷完善，成為東南亞最好的農會組織之一，一方面由於其功能強大、業務範圍廣泛，更重要的一點取決於其運作的模式，主要體現在其嚴密的組織結構和民主的管理模式。

　　從臺灣基層農會組織結構圖（見圖2-2）我們可以看到，臺灣農會主要開展經濟、金融、推廣、保險四項事業：（1）經濟事業。包括農產品共同運銷、生產資料、生活資料供應、農產品加工製造及行政機構委託業務等。（2）金融事業。包括接受存款、匯款及代理公庫（以行政機構支農資金為主）、合作金庫及土地銀行等金融機構對農民的貸款業務等。（3）農業推廣事業。包括農事推廣教育、農民教育（主要指手、腦、身、心四健推廣教育）、家事輔導及農業新聞與訊息傳遞。（4）保險事業。包括財產保險、人身保險、農作物保險、家畜保險四類。

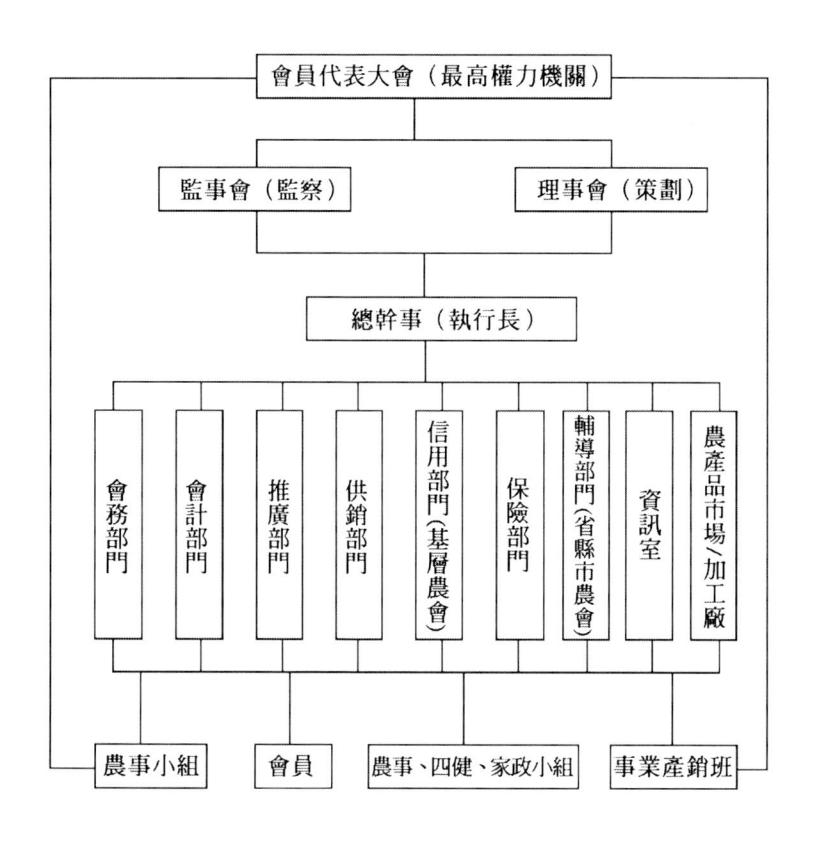

```
                    會員代表大會（最高權力機關）
                              │
                ┌─────────────┴─────────────┐
            監事會（監察）              理事會（策劃）
                              │
                      總幹事（執行長）
                              │
    ┌────┬────┬────┬────┬────┼────┬────┬────┐
   會   會   推   供   信    保   輔   資   農
   務   計   廣   銷   用    險   導   訊   產
   部   部   部   部   部    部   部   室   品
   門   門   門   門   門    門   門        市
                        （          （       場
                        基          省       ／
                        層          縣       加
                        農          市       工
                        會          農       廠
                        ）          會
                                    ）
    │         │         │              │
  農事小組   會員   農事、四健、家政小組   事業產銷班
```

圖2-2　臺灣基層農會組織結構圖

資料來源：臺灣省農會網站，http://www.farmer.org.tw/first.htm。

　　農會組織的體制和運行機制的良性運作也是戰後臺灣農會成功發展的重要原因之一。首先，它得益於多功能一元化的組織體制，讓農會各事業部門之間可以產生相互支持的加乘效果，一般農民可以同時透過農會取得各種的服務，構成一個交互支持的立體服務體系。對於農民生活、農業經濟以及農村建設都帶來積極正面的意義（林寶安，2008）。第二，法律的明確規定和依法進行的民主選舉，使臺灣農會具有了堅實的社會基礎和可靠的組織保證。第三，農會已經基本形成了利益互補機制，具有較強的自我發展能力。在農會所開展的主要業務中，技術推廣、農民教育、專業培訓為主要內容的推廣事業和保險服務一般是虧損的，運銷業務對於農會來說僅能獲得微利，信用業務是盈利的。透過信用服務的盈利來貼補其他業務的虧損，使得農會成為了一個具有自我服務、自我發展的活

力的非營利性服務組織（王慶，2008）。

三、比較

透過比較可以看出，兩岸農民合作組織主要運作模式主要有以下兩方面的不同：

第一，成員之間聯繫的緊密程度。大陸以「公司＋農戶」為主要的農民合作組織，無論是契約式還是入股式，聯繫都比較鬆散，組織的各方成員並沒有成為真正的利益共同體，以公司為主導也決定了不可能把農民的利益放在第一位。而臺灣的農會一方面有嚴密的組織結構、民主的管理制度，另一方面農會的非營利性決定了它會把維護農民的核心利益真正作為其宗旨並不斷完善，從而更好地為農民服務。

第二，行政機關的作用。大陸的「公司＋農戶」模式中沒有出現政府，但事實上政府相關部門做了不少的工作，從財政的支持、稅收的優惠到技術服務等，是否能真正維護農民的權益並使他們獲得儘可能大的利益，似乎並沒有達到理想的效果。而臺灣的農會本身就是一個半官方的組織，它能夠很好地執行上級的各項農業政策，同時及時反映農民的訴求，真正為農民謀福利，效果不錯。

第五節　案例

一、三重市農會

（一）發展概況

三重市農會成立於日據時代，舊稱為三重埔信用購買販賣利用組合，附屬於

新莊信用組合，以辦理會員之存款及工商界所需之資金貸放為主，因為人口的劇增及地方上熱心人士的奔走籌劃，遂於1932年正式創立總會。光復後稱為農業會，1948年2月改稱合作社，直至1949年改為三重鎮農會，1962年三重升格為縣轄市，農會名稱同時變更為三重市農會。在歷屆理事、監事、會員代表、總幹事及各工作人員齊心協力，努力經營，奠定良基，業績於穩定中成長，累積歷年盈餘新臺幣1億元。

2010年12月臺北縣升格為直轄市改稱新北市，2011年3月此農會改製為三重區農會。三重區居於淡水河岸，北與蘆洲市相鄰，西與新莊市、五股鄉交接，位處臺北盆地中央，土地面積為16,317平方公里。人口鄰里統計如下表所示：

表2-3　三重區鄰里統計（2010年）

區	里數	鄰數	戶數	男	女	合計
三重	119	2 555	140 187	194 375	195 593	389 968

資料來源：臺北縣三重市農會2010年度信用部年報。

（二）經營理念與經營方針

1.經營理念

三重市農會宗旨為保障農民權益，提高農民知識技能，促進農業現代化，增加生產收益，改善農民生活，發展農村經濟；但在社會經濟的快速發展下，農會已趨向於多角化的經營方式，因此在經營管理方面秉持著誠信穩健，勤勉積極，謙和親切與專業創新的永續經營。基於這份理想與目標，農會立身誠心，以豐富的專業經驗與服務質量，為提升農會形象和服務質量而努力。

2.經營方針

三重市農會是一個多元化的服務團體，照顧農民，增進福利，促進小區發展，以開創新事業、新產品與新服務精神，迎接未來挑戰，追求永續經營。

（三）組織系統圖及各部門主要工作職能

三重市農會組織系統圖如圖2-3所示。以下是各部門的主要工作職能：

1.會務股工作項目

（1）議事：決議案執行，法定會議紀錄報備，召開各種法定會議。

（2）會籍管理：編制會員卡，召開農事小組大會，會員會籍清查及異動登記，受理申請入會。

（3）人事管理：移交、人事數據管理，人事評議報備、員工保證，員工出勤、獎懲、考核，員額編制、人事數據管理。

（4）財產管理：處理產權、產權管理，財產登記、維護、保管、修繕，辦理財產購置、營繕、招標。

（5）事務管理：核撥員工薪津、保險、互助金，文具用品、消耗品採購、登記、管理，文書檔案管理，收發文、印信管理。

（6）其他：每年按組召開農事小組大會、舉辦重陽敬老活動、員工慶生會及分組業務觀摩，舉辦歷屆選聘任人員聯誼活動等。

2.會計股工作項目

（1）編審各事業部門預決算，控制執行進度，分析差異原因。

（2）審核各部門原始憑證，造具記帳傳票。

（3）會計期間或年度終了時，編制會計報告，分析財務狀況及經營績效，供決策參考。

（4）財務控管及資金調度。

3.推廣股工作項目

（1）四健推廣教育：以9～24歲農村青年為對象，透過各種作業組織，灌輸各項專業知識、公民教育及組訓工作，使青少年手、腦、身、心健全發展，培育未來優秀農民。

（2）農事推廣教育：以成年農民為對象，施予農業新知識、技術，輔導研

究班之工作促使降低生產成本，提高產品質量。

（3）家政推廣教育：以農村婦女為對象，教導家庭倫理、親子教育、預防保健、環境保育，促進安和樂利之農村。

4.供銷部工作項目

（1）農業倉庫，辦理政府委託代辦業務。

（2）銷售肥料，複合肥料；銷售工業原料用鹽、民生食用鹽；銷售有機肥料，指導有機栽培。

（3）供應農業生產資材、農藥。

（4）發展新興供銷事業體。

（5）協助鄉村型農會農特產品之銷售。

5.信用部工作項目

（1）收受各種支票，活期（儲）及定期（儲）存款。

（2）島內電匯及跨行跨會匯款。

（3）辦理短、中期及長期放款。

（4）代收各種稅款。

（5）駐收中華電信公司三重營運處各項電話資費。

（6）辦理各種委託代繳款項，公用事業費用之委託代繳等（自來水費、電費、瓦斯費）。

（7）受理各機關學校、公司團體員工薪津轉帳代發業務。

（8）買賣外幣現鈔。

其他：票據托收、辦理金融卡、語音查詢。

6.保險部工作項目

（1）農民健康保險。

（2）代受理老年農民福利津貼申請。

（3）全民健康保險。

7.企劃室工作項目

（1）有關法令、財務、業務、訊息之蒐集、分析、整理與研究事項。

（2）有關新辦事業之規劃、研究開發評估事項。

（3）辦理員工訓練及人力規劃事項。

（4）其他交辦事項。

8.稽核室工作項目

（1）負責全會各股、部、室業務之查核，追蹤等。

（2）掌理全會業務、財務與帳務之內部控制與稽核制度的運作。

9.訊息室工作項目

（1）負責農會各項業務電腦化之研究、分析、規劃、設計、開發、建置、維護及執行。

（2）訊息系統安全控管制度之建置及執行。

（3）釐訂農會業務電腦化之標準。

（4）參與推行業務電腦化各項措施之釐定及策劃。

（5）其他交辦事項。

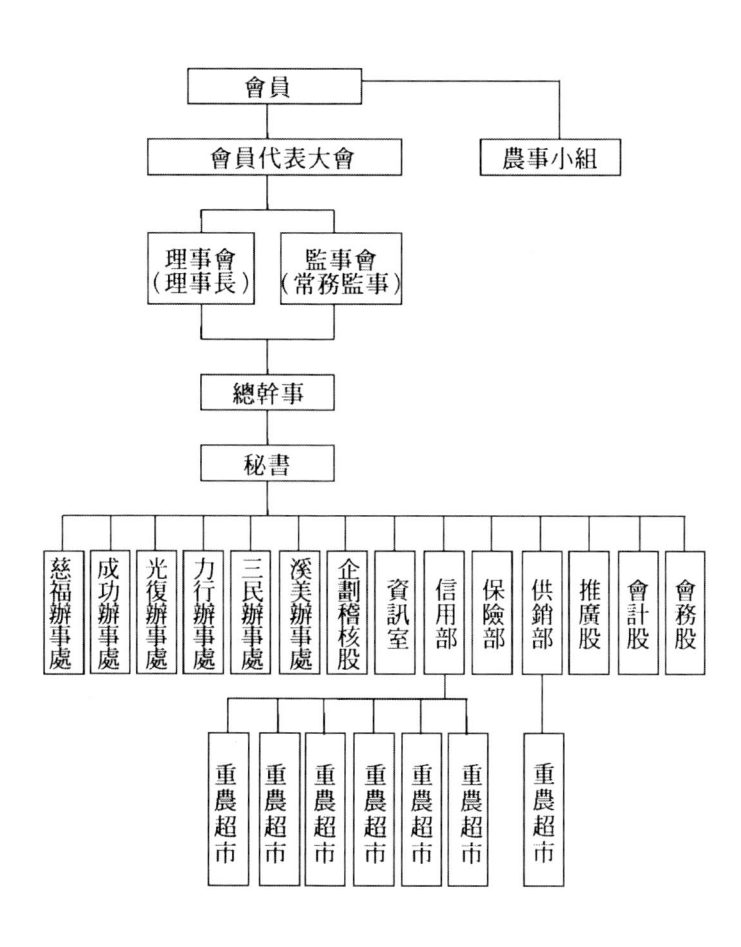

圖2-3 三重市農會組織系統圖

資料來源：臺北縣三重市農會2010年度信用部年報。

二、沃德家禽養殖專業合作社

(一) 經營模式

2006年10月，《中華人民共和國農民專業合作社法》頒布，標幟著農民經濟合作組織有了法律上的保障，同時也表明國家對成立農民經濟合作組織的鼓勵

和扶持；2007年8月，國土資源部、農業部下發了關於《促進規模化畜禽養殖有關用地政策的通知》，農民可以用自有非基本農田土地建養殖場，不用報國家審批。在這樣的政策背景下，峪口禽業抓住了這個大好的機會，實行了「產權式」農業經營模式（如圖2-4所示），這種模式作為一種以政府政策扶持，銀行金融支持，農民經濟合作組織（沃德家禽養殖專業合作社）與峪口禽業共同投資，峪口禽業統一經營的「四位一體」的經營模式，在政府的大力支持下，在銀行和農村經濟合作組織的全面參與下，經過峪口禽業不遺餘力的穩步實施，達到了「政府要模式，農民要致富，企業要發展，銀行要效益」的目的，不僅實現企業生產規模的擴大，而且促進了北京市產業結構升級，提升蛋雞技術水平，保證農民持續增收。具體講，這種模式是由農村經濟合作組織（沃德家禽養殖專業合作社）出勞力、資金、土地，峪口禽業出資金、技術、品牌、管理，共同形成的緊密的利益聯合體（如圖2-5所示）。

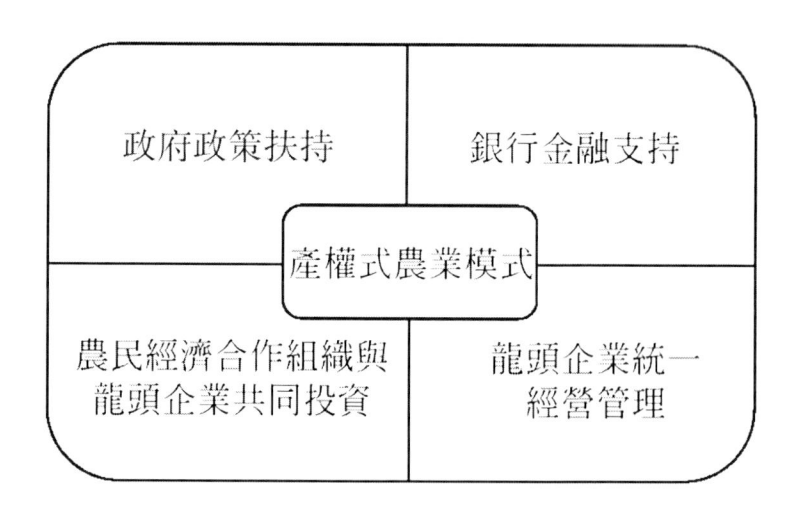

圖2-4 「產權式農業」模式

資料來源：2010年6月沃德家禽養殖專業合作社調研資料。

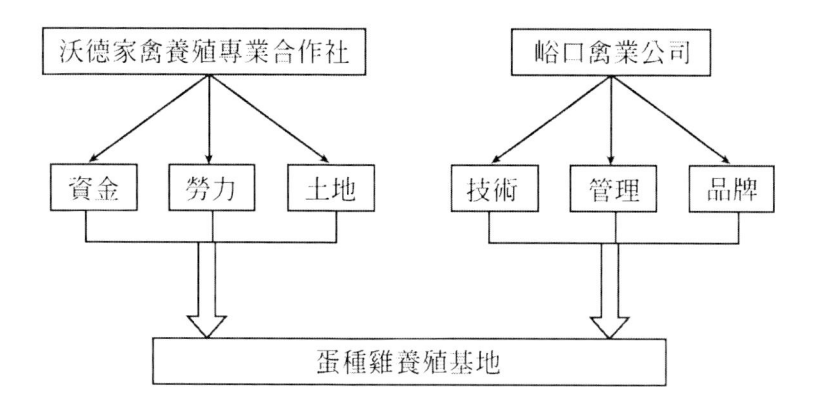

```
沃德家禽養殖專業合作社          峪口禽業公司
    ↓    ↓    ↓              ↓    ↓    ↓
  資金  勞力  土地            技術  管理  品牌
          ↓                        ↓
         蛋種雞養殖基地
```

圖2-5　峪口禽業公司與沃德家禽養殖專業合作社合作模式

資料來源：2010年6月沃德家禽養殖專業合作社調研資料。

（二）農民如何參與

農民投資回報的方式主要有三種：一種是土地參與，可以獲得年800～1000元／畝的土地租金。一種是入資參與，直接入資參與者年不低於15%的投資回報；低保戶參與者，企業每年給予1500元。第三種是就業參與，年工資回報1.5萬元／人。

（三）存在問題

「產權式」農業經營模式實現了農戶、企業、銀行、政府四位一體、合作共贏：為企業持續發展創造了條件，為農民致富找到了方法，為銀行支持農民貸款找到了支撐點，為政府解決「三農」問題提供了新思路。儘管如此，沃德家禽養殖專業合作社還不能稱之為真正的農民專業合作組織。其主要存在以下幾個問題：

第一，以企業為主導，合作社似乎只是企業的附屬物

在這一經營模式中，峪口禽業在雙方合作占強勢和主導地位，而沃德家禽養殖專業合作社不過是峪口禽業借助當地村一級行政單位成立的、鬆散的、甚至可以說是形式上的組織，這一組織的主要職能主要在於：（1）依靠行政力量或者村中傳統威權勢力，解決在村民與企業合作過程中出現的村民與企業之間的或村

民內部的矛盾，規避企業與農民直接溝通產生的成本和風險；（2）由於農民不可以以個體為單位將土地轉讓給企業，因此採用合作社形式為企業利用農民土地提供法律上的支持。

第二，合作社的成立並不是主要以服務農民為宗旨

合作社的成立實際上是為瞭解決峪口禽業與當地農民之間的矛盾，並不是以服務農民為宗旨。當時峪口禽業與農民之間的矛盾主要在於：峪口禽業的雞舍項目需要利用當地農民的土地、資金、人力等各種資源，但在企業與村民的直接溝通中存在村民之間的利益分配不公、對企業的不信任等問題。而這些問題甚至一度使項目陷入停滯，峪口禽業由此尋找出一種解決方案：在村中以村委和具備權威的宗族勢力為基礎，成立合作社，願意和有條件合作的村民加入合作社。這樣，峪口禽業直接和合作社進行溝通，而合作社員內部的問題則在合作社內部進行解決。

第三，農民也沒有真正參與實際的經營管理，農民對合作社沒有太多的認同

合作社社員透過土地、資金、人力等幾種形式入股峪口禽業，這部分股份大約占公司總股份的10%～30%。但是，入股之後，合作社社員並無權利干預企業的決策或管理事務，只是簡單地坐等每年的分紅。可以說，合作社是用來利用當地資源並給予社員一定利益安撫的名義組織，除了每年開一次社員會議進行相關獎勵和分紅以外，合作社日常並不辦公或有其他活動，部分社員以人力形式入股，即成為峪口禽業的員工，這對合作社及其社員的獨立性產生一定的影響。在調研中，透過對一些社員的訪談我們瞭解到，社員對自己合作社社員的身分認同並不很強，更多在表示對峪口禽業公司的感謝，而從實際狀況看來，從農民轉型為產業工人，也的確對社員的生活改善造成了非常重要的影響。峪口禽業甚至為當地的五保戶提供了一定的分紅，相當於救濟金，純屬公益性質。但這依然是企業行為，與合作社關聯不大。

儘管沃德家禽養殖專業合作社只是中國二十多萬家農民專業合作組織當中的一家，但它是一個縮影，反映了目前中國農民專業合作組織發展過程中存在的不少問題。以企業為主導，不以農民為主體仍然是當前農民專業合作組織的一種主

要模式，不過是嵌在企業內部的一個名義上的組織，並沒有實際上的權利和運作，本質上是企業為緩解和當地村民之間衝突所使用的權宜之計，根本目的是維護企業發展的長期穩定。當然，我們不能否認這一組織在客觀上促進了當地農業、農村和農民的現代化、產業化，如果能對合作社的地位和功能進行完善，也是值得推廣和借鑑的。

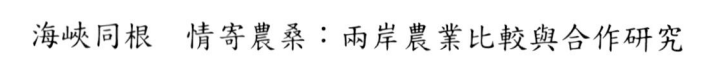

第三章　兩岸農業金融制度比較

第一節　臺灣農業金融——改革、體系、問題與發展方向

　　2003年7月10日，臺灣「立法院」通過制定的「農業金融法」，並於2004年1月30日正式施行。這一「法律」的頒布實施，是臺灣農業發展史上的重要里程碑，使農業金融邁入一元化管理的新紀元，標幟著獨立於一般金融體系之外的農業金融制度在臺灣正式形成。本文將對臺灣農業金融改革的背景、體系的形成、存在的問題以及未來發展方向等逐一進行分析。

一、臺灣農業金融改革

（一）改革的動因

1.經濟因素

　　隨著經濟結構的轉換，農業經濟占臺灣GDP的比重日益下降，加上加入WTO帶來的衝擊，農業發展面臨相當大的挑戰，作為臺灣主要的農民組織，農漁會的生存和發展也面臨相同的困境。其中，信用部是農漁會的主要收入來源（農漁會的盈餘，幾乎有九成以上來自信用部），由於農漁會信用部屬於區域性金融機構，本來就有先天的劣勢，如經濟規模小、淨值低、風險不易分散。加上國際化與自由化帶來的金融機構之間的激烈競爭、農漁會信用部服務區域及營業項目受限、農業經營日益艱困，農民收益減少，以致無力償還貸款等多重因素的影響，

導致農漁會信用部的逾放比率逐漸攀升並居高不下，市場占有率下降，獲利能力不佳，競爭力嚴重衰退，一度成為臺灣「財政部」金融改革的對象。因此，經濟因素是臺灣農業金融改革的根本動因。

2.政治因素

在臺灣，農會扮演著準行政機關的角色，在政治勢力滲透下，執政黨將農會組織納為政治動員機制的一環，因此對農會組織的管理、輔導與監督等都與執政者的政治目標相互關聯。當上級機關賦予農會政治任務時，對農會也給予許多保護措施，農會政治性格愈加凸顯，政府對基層金融的監理就會趨於放縱，以致最後監理制度名存實亡。2000年民進黨上臺後，農漁會被貼上國民黨地方樁腳的標籤，黑金的帽子也隨之奉送，民進黨想借金融改革之名來消滅信用部的邏輯也就不足為奇了，只要信用部被剷除，農漁會自然也無法生存。因此，政治因素是臺灣農業金融改革的重要原因之一。

3.體制因素

農漁會信用部在體制上存在的一些先天不足也是促使臺灣農業金融改革的重要原因之一。這些不足主要表現在以下幾個方面：第一，農漁會信用部的主管機關不統一，如圖3-1所示，農漁會信用部的主管機關包括財政部金融司（後來是金管會）、農委會，另外還有內政部，其中農會信用部是財政部在管，人事、財產、業務部分是內政部在管，農業推廣、保險是農委會在管，多頭領導必然會造成管理及稽核上的疏失及延宕；第二，因為信用部只是農漁會的一個下屬部門，不具有獨立法人資格，而農漁會本身存在的目的並非為了信用部，所以很難要求農漁會的理事長、幹事具備相當的金融專業知識；第三，農漁會信用部營業區域、經營項目受限，造成其無法分散風險並影響其競爭力；第四，農漁會信用部經營規模小且因盈餘大部分需要支應農會的發展，因此資本累積受限；第五，信用部是典型的「人合組織」，由於其所付出的資金與其所享有的權利並不對等，負責人容易產生道德風險，也容易有政治力量介入；第六，農漁會信用部受到額外的法規限制，由於靈活性不足而容易遭受損失，例如主要將農地作為其擔保品。

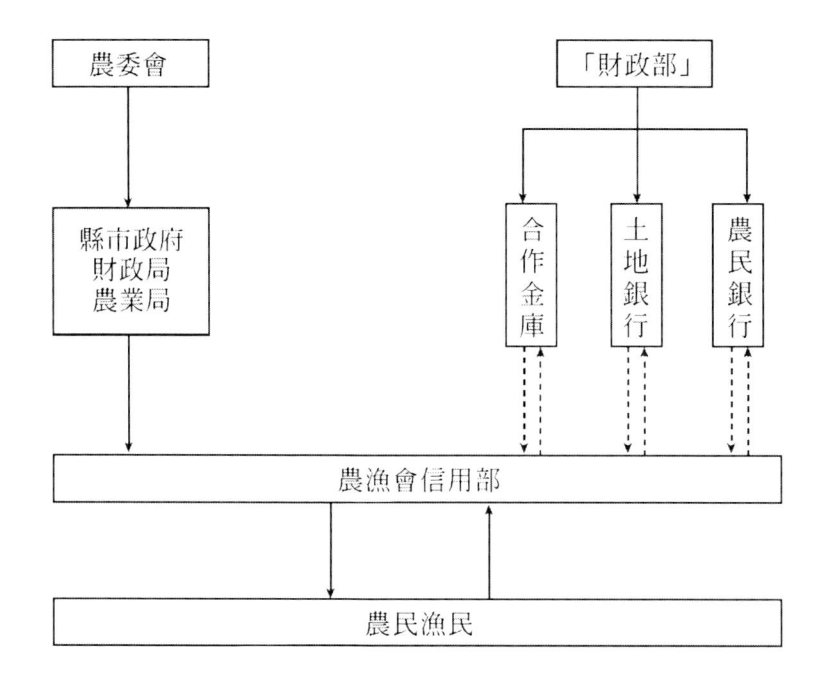

```
    農委會                    「財政部」
      |              ┌─────────┼─────────┐
      ↓              ↓         ↓         ↓
  縣市政府          合作      土地      農民
  財政局            金庫      銀行      銀行
  農業局
      |              |         |         |
      ↓              ⇣         ⇣         ⇣
  ┌─────────────────────────────────────────┐
  │            農漁會信用部                  │
  └─────────────────────────────────────────┘
         ↑↓
  ┌─────────────────────────────────────────┐
  │            農民漁民                      │
  └─────────────────────────────────────────┘
```

圖3-1 「農業金融法」實施之前的臺灣農業金融體系

資料來源：建立以農會為主體之臺灣農業金融體系之研究，計劃主持人：吳榮杰，臺灣省農會委託研究計劃，臺灣大學農業經濟研究所，1999年11月，第5、6頁。

4.道德風險

臺灣農漁會作為其當局農業政策的代理者，逐步成為「政治性格化」的組織，從而也導致對農漁會信用部的監理失靈，造成四種主要模式的「道德風險」：（1）放款權利未受制約。總幹事大權在攬，放款獨斷專行。授信徵信均違反內部控制規範，並未真正做好風險評估，事實上，所有的授信過程都是總幹事與監事、理事共謀圖利自己，風險損失卻由農漁會負擔的道德危險結果；（2）分散借款，集中使用。為規避大額授信的限制與其他授信有關規定，以多數人頭戶貸款，供特定人使用。其中部分授信案例是供總幹事或是監事、理事等其他關係人使用，明顯違反「銀行法」、「農會法」等法律；（3）關係人放款。多數農漁會信用部的放款都直接或間接與總幹事、理監事、農漁會代表的關

係人有密切的關係，特別是以總幹事的親朋好友等關係人為主，進行人頭借款，並投資高風險事業；（4）高估擔保品價值。一般是把極不值錢土地甚至外縣市偏僻土地以高於市價十幾倍以上作為擔保品進行放款，一旦無力繳息或償還本金，最後農漁會所拍賣的抵押土地都無法彌補放款損失。這些道德風險的產生所表現出的農漁會信用部甚至農漁會運作機制的弊端也是臺灣農業金融改革的原因之一。

（二）改革的關鍵問題——農漁會信用部，是去還是留

事實上，臺灣農漁會信用部存在的諸多問題由來已久，當局也意識到瞭解決這些問題的重要性，因此，行政主管部門曾經多次提出過改革的主張（如表3-1所示），這些主張都是針對農漁會信用部存在的問題提出的。而2000年5月民進黨執政後想要取消農業金融，讓它和一般金融執行同樣的法規和標準。因此，改革的關鍵就成為農漁會信用部的去留問題。

表3-1　歷年臺灣主管部門對農會信用部提出的改革主張

時間	改革主張
1995年	信用部獨立成立專業農業銀行
1996年	信用部設總經理制度
1997年	鄉鎮市農會出資成立農業銀行，信用部成為其分行
1998年	鼓勵農會合併
1999年	編列預算處理問題農會信用部
2000年	成立全國農民銀行
其它	如恢復股金制，嚴格限制理事監事及總幹事資格

資料來源：李紀珠、邱靜玉，當前農漁會信用部改革之評析，http://www.npf.org.tw/post/3/3470。

儘管臺灣農業金融面臨經濟、政治、制度以及道德風險等諸多問題，但農業金融的特性決定了保留農漁會信用部的必要性。與一般金融相比，農業金融有其特性與弱點，主要有以下幾個方面：（1）周轉慢。由於農畜產品生產期較長，所以長期資金需求較大；（2）風險高。包括農業經營者的個人道德風險，農業生產的自然風險以及農產品市場的價格風險；（3）波動大。資金需求具有季節

性與地區差異性；（4）單位服務成本高。由於農業經營規模下，所以個別農戶的資金需求數額較為零散；（5）徵信難度高。由於農民普遍缺乏完善的農場會計制度，所以農戶生活資金需求與農業經營的生產資金需求無法明確劃分；（6）以農地為主要借款擔保品。以農地作為擔保，房地產不景氣時容易變成不良債權；（7）農業共同設施投資所需資金比重大；（8）由於投資報酬率相對較低，對低利資金需求殷切。正是由於農業金融的這些特性決定了農漁會信用部具有一般銀行所不可比擬的優點：第一，農漁會信用部深切知道農業資金需求的特質，如金額小、季節性高、無法像一般貸款那樣每月分期攤還利息等；第二，農漁會信用部能夠深入基層，具有基層的地域及人脈優勢；第三，農漁會信用部以滿足服務對象為目的，即便並不賺錢，也要服務偏遠地區；第四，農漁會信用部提供農漁會推廣服務所需的部分資金，節省行政機關編列預算來支持農業的財政負擔。

如果說農業金融的特殊性是保留農漁會信用部的一個重要原因的話，更重要的原因則在於農漁會百分之八九十的收入來自信用部，如果沒有信用部，農漁會就失去了存在的基礎。2002年11月23日，臺灣農民舉行了「1123與農共生」大遊行，總共號召了13萬農民走上街頭，要求保留農會信用部，展現農會強大的動員能力。他們提出三大主張：（1）搶救臺灣農漁業與農漁民；（2）農漁民需要農漁會繼續提供服務；（3）制定以農漁會信用部永續經營為主軸之「農業金融法」。農民大遊行獲得了成功，民進黨考慮到農民選票的問題，於2002年11月底召開農業金融會議，主要有三個重要決定：第一，不僅保留農會信用部，而且農業金融體系由農委會一元化管理，並成立隸屬於農委會的農業金融局；第二，決定成立「農業金庫」，統一管理所有的農業信用部，主要功能包括收受農會信用部的轉存款、資金融通、輔導、查核、金融評估、績效評鑑及諮詢利用等；第三，頒布「農業金融法」，使得這一體系有法可依。事實上，這一決定是給農業金融一個最後的機會。

二、臺灣農業金融體系

改革後的臺灣金融體系分為農業金融和一般金融兩個部分（如圖4-2所示），形成了獨立於一般金融體系之外的農業金融制度。新的農業金融體系如圖3-3所示，這裡將主要介紹其構成和幾個主要部門。

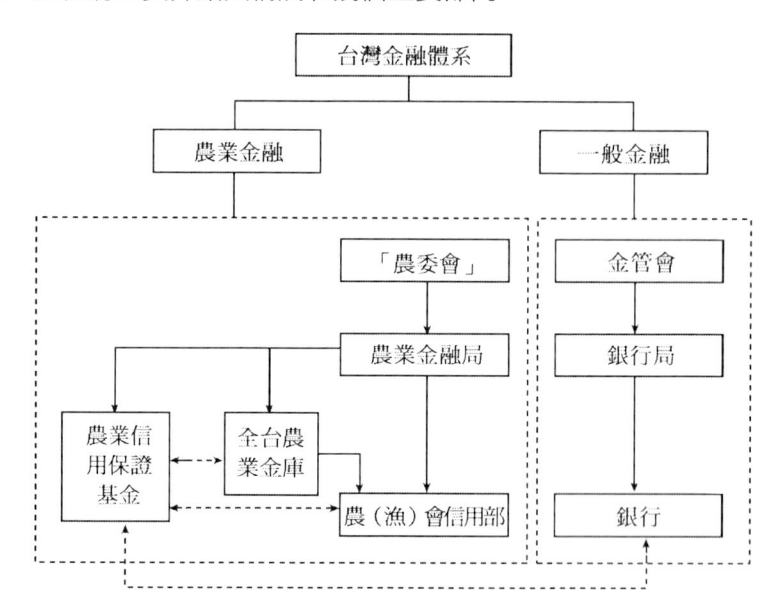

圖3-2　臺灣金融體系圖

資料來源：宮文萍，農業信用保證基金簡報，2010年12月22日。

（一）構成

臺灣農業金融體系的架構分為農業金融機構、主管機關、相關監理單位及支持補全單位四個層面：

1.農業金融機構：採取二級制架構，上層為全臺「農業金庫」，下層為農漁會信用部。

2.主管機關：也採取二級制架構，在上層為「農委會」，在直轄市為直轄市政府，在縣（市）為縣（市）政府。

3.相關監理單位：「中央銀行」負責涉及外匯業務之監理及「資金最後融通者」角色，並維持支付系統的穩定；行政院金融監督管理委員會接受「農委會」

委託辦理農業金融機構金融檢查;「中央存款保險公司」辦理存款保險,保障農業金融機構存款人權益。

4.支持補全單位:農業發展基金、農業信用保證基金及金融重建基金等三大基金分別提供利息差額補貼、信用保證及彌補經營不善信用部的資產負債缺口等功能。

三、主要部門

1.農委會農業金融局

農業金融局的成立主要有兩個原因,一是原來農業金融的管理機構,包括「財政部」金融司(後來是金管會)、「內政部」、「農委會」,造成多頭領導的局面,總會產生一些矛盾;二是金融屬於比較專業的部門,需要具有金融專業背景的管理機構。於是,2004年1月30日,「農業金融法」正式實施當日,農業金融局正式掛牌成立。

農業金融局的主要職責包括以下12個方面:(1)農業金融制度及監理政策之規劃;(2)農業金融相關法令之研擬、執行及解釋;(3)農業金融機構本分支機構設立、廢止、停業、復業的審核及清理、整頓的處理事項;(4)農業金融機構業務、財務與人事的管理、監督、檢查、輔導及考核;(5)違反農業金融相關法規的取締、處分及處理;(6)農業金融監督、管理與檢查相關資料的蒐集、彙整及分析;(7)農業金融機構的合併及處理;(8)農業融資的規劃、督導及輔導;(9)農貸資金籌措、運用的輔導及利息差額補貼政策的研擬及督導;(10)農業金融機構與其它金融機構的聯繫、協調及配合措施的策劃及督導;(11)農業金融機構與其它農業部門業務聯繫、配合的策劃及輔導;(12)其它有關農業金融的管理及監督事項。

圖 臺灣農業金融體系

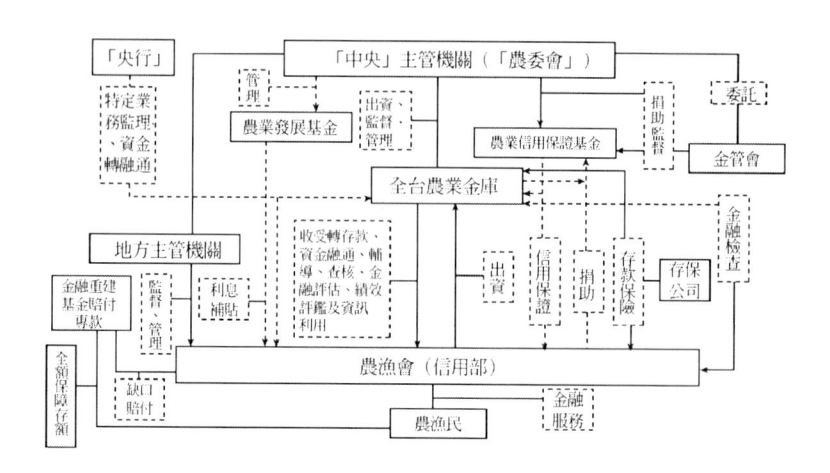

資料來源：臺灣「農業金庫」簡報《臺灣農業金融體系之發展與「農業金庫」》，2010年12月27日。

2.「農業金庫」

（1）全臺「農業金庫」的成立

為建構農業金融體系，輔導並協助農漁會信用部事業發展，辦理農、林、魚、牧融資及穩定農業金融，促進農業經濟發展，全臺「農業金庫」於2005年26日開業，2005年成立時，其行政當局出資49%、農漁會出資51%。2009年完成增資，其行政當局持股44.5%、農漁會持股51.4%、其它農業團體持股4.1%。

（2）「農業金庫」的性質

一方面，「農業金庫」與一般商業銀行一樣，要受「中央銀行」、「金管會」的管理、監督和檢查；另一方面，「農業金庫」有一些特殊的政策任務。主要包括：第一，協助各農漁會信用部改善經營環境、增強競爭力；第二，輔導各農漁會信用部的業務，同時進行內部監督。目前，「農業金庫」有29位金融輔導員對農漁會信用部進行輔導和監督，以避免一些弊端出現，防患於未然。如果有問題出現，農委會農業金融局有權進行接管和整頓。而事實上，「農業金庫」也和其他一般金融機構一樣，會有道德風險，主要原因在於為了保護廣大儲戶的

利益，行政當局一般都不會讓金融機構倒掉。因此，對於「農業金庫」的管理和運作，應該用儘可能健全的制度和完善的法律進行約束，儘可能減少和避免道德風險的產生。

（3）「農業金庫」的業務範圍

依「農業金融法」第22條及第23條規定，全臺「農業金庫」業務範圍包括：①辦理重大農業建設融資與行政機構農業項目融資；②辦理配合農、漁業政策之農、林、漁、牧融資；③辦理「銀行法」第71條各款（一般商業銀行可辦理之業務）所列業務；④收受農漁會信用部餘裕資金轉存款及資金融通；⑤辦理輔導農漁會信用部業務及財務查核；⑥辦理農漁會信用部金融評估、績效評鑑及訊息共同利用；⑦其它經中央主管機關會商銀行法主管機關及其它有關機關核准辦理之業務。

（4）「農業金庫」在農業金融體系中的作用

首先，「農業金庫」可以為各農會信用部擴寬業務領域，增加收入。如由於農會信用部一般規模比較小，信用卡公司不願和他們簽約，即使簽，也不會有太多優惠，但如果「農業金庫」統一與信用卡公司簽約，就能獲得更多的優惠，對於農會信用部和信用卡公司來說是兩全其美的事。而且農民透過信用卡在信用部就可以繳納各種稅費，方便了他們的生活。再如聯合貸款。對於大額貸款業務，如縣市政府的貸款，由於單個的農會信用部都沒有這種業務能力，就可以由「農業金庫」先接下這些大額業務，再分給各相關農會信用部，增加他們的業務量。不存在「農業金庫」和他們搶生意的問題。其次，實現在農業金融體系內，農民一卡一折走遍全臺灣。目前，正在進行各農漁會信用部之間的聯網，不久就可以實現這個目標。

3.農漁會信用部

（1）主要特點

目前，臺灣共有301家農漁會信用部，1154個分支據點。儘管農漁會信用部在制度上存在一些問題，但是毫無疑問，作為最深入基層的金融機構，農漁會信

用部有許多一般銀行無法比擬的優勢：第一，營業時間。一般銀行的營業時間為9：00—15：30，而農漁會信用部則是7：00—21：00，也就是說營業時間的制定是根據農民的需要，配合農民的時間；第二，存款額度沒有限制。多少錢都可以存，農民有時候甚至存的都是硬幣；第三，為農民提供優質服務的理念。農漁會要想方設法借錢給有需要的農民，如果不借錢給他們，他們甚至可以和農會信用部「翻臉」。如果數額比較小，可以不用抵押。農漁會信用部盡力為農民提供應急、實時的貸款。

（2）主要業務

依據「農業金融法」第31條的規定，農漁會信用部的業務範圍主要包括以下十個方面：①收受存款；②辦理放款；③會員（會員同戶家屬）及贊助會員從事農業產銷所需設備之租賃；④國內匯款；⑤代理收付款項；⑥出租保管箱業務；⑦代理服務業務；⑧受託代理鄉（鎮、市）公庫；⑨全國「農業金庫」委託業務；⑩其他經「中央」主管機關核准辦理之業務。

（3）「農業金庫」與農漁會信用部之間的關係

「農業金庫」與農漁會信用部，雖分屬上下層金融機構，但二者都是獨立法人，所以這兩個組織在法律上並無隸屬關係。因此，在法律和實務上，就金融事業而論，「農業金庫」與農漁會信用部，並無「總行與分行」之實。有學者將其關係定位為「緊密業務策略聯盟」。它們之間的關係與一般商業銀行的總分行之間的不同主要表現在以下幾個方面：首先，設立的時間先後不同。銀行都是先有總行，再有分行，而農業金融則是先有各農漁會信用部，再成立「農業金庫」；其次，各農漁會信用部業務獨立，互相之間無法調度資金，而一般商業銀行總行下屬各分行之間的資金是可以相互調度的；第三，責任主體不同。商業銀行的總行要負責分行的盈虧問題，而各農漁會信用部要自負盈虧。用一個形象的比喻，各農漁會信用部就像7-Eleven的加盟店而不是直營店，只有統一的品牌和信譽。因此，如何使各農漁會信用部能夠逐步形成與「農業金庫」和其他農漁會信用部共榮辱的使命感和責任感是未來進一步完善農業金融制度的重要內容之一。

4.農業信用保證基金

（1）成立及發展

臺灣農業信用保證基金的設立主要是為了協助擔保能力不足之農漁民增強受信能力，獲得農業經營所需資金，以改善農漁業經營，提高農漁民收益；促使農業金融機構積極推展農業貸款業務，以發揮其融資功能；協助參加農業發展計劃之農漁民籌措配合資金，以提高行政部分農業政策推行績效。該基金由當局機關、簽約銀行及農漁會共同捐助，各單位捐助比例分別為：臺灣65%，簽約銀行30%及簽約農、漁會5%。截至2010年11月底，累計辦理保證案件380862件，協助農漁民融資達新臺幣3209億9149萬元，對促進農漁產業發展，提高農漁民收入，造成了非常重要的作用。

（2）保證業務

農業信用保證基金的業務主要包括以下六個方面的內容：①保證對象。保證對象為實際從事農漁業生產、加工、運銷、倉儲、休閒農漁業、農漁業發展事業及農漁業生物技術產業等的農漁民或農漁企業；②貸款用途。主要有四個方面：一是資本支出。包括購買耕地、興建漁船、購置機器設備等；二是周轉金。包括購買肥料、飼料、農藥、人工、水電、營運周轉等；三是天然災害復建復耕資金；四是農家生活小額資金；③保證範圍。貸款本金、6個月利息及法定訴訟費用；④保證額度。每一申請人累計保證貸款餘額以不超過新臺幣500萬元為原則。如有超過，須提經基金董事會核定；⑤保證成數。依貸款機構的授信品質、個案貸款金額、擔保條件、申請人信用及經營狀況等因素，決定個案保證成數，保證成數由3成至9成不等；⑥保證手續費。對於個人客戶，每萬元一年保證手續費約為10～70元，年率為0.1%～0.7%；對於企業客戶，每萬元一年保證手續費約為50～140元，年率為0.5%～1.4%。

四、當前臺灣農業金融制度存在的主要問題

農漁會信用部與商業銀行相比，有其特有的優勢，那就是深厚的群眾基礎。

經過上百年的發展，農會已經成為代表和維護農民利益的組織，是農民最信任的團體。不管地域多麼偏遠，都有農會的存在，因此，農會信用部遍及臺灣城鄉的每一個角落，這是其他商業銀行無法比擬的。而這種優勢並不能掩蓋改革之後的臺灣一元化農業金融體制仍然存在不少問題。而這些問題就成為農業金融體系良性運轉的障礙，如由於農地貶值、願意從事農業的人越來越少、農業從業人員老化等問題，農民貸款越來越少；農業金融領域積累了大量的剩餘資金；農漁會信用部、「農業金庫」的業務範圍，很難與一般商業銀行競爭等。當然，目前一元化的農業金融體制也只是臺灣農業金融改革的一次嘗試，能走多遠尚無定論，不少專家學者也提出了該體制許多致命性的問題，這些問題甚至涉及該體制的「生死存亡」。主要表現在下面兩個方面：

（一）成立「農業金庫」是否能夠解決農業金融問題

「農業金庫」自2005年5月成立近6年來，在改善農漁會信用部經營狀況（如表3-2所示）、有效推展政策性農業項目貸款方面確實取得了一定的成績。但是仍有不少學者認為「農業金庫」的成立沒有太大的必要，因為它和原來的農業合庫、土地銀行的運作沒有什麼區別，不少農漁會信用部原來就是農業合庫的股東，現在轉為「農業金庫」的股東。而且目前「農業金庫」的貸款中有80%是貸給非農業領域的，在這點上它和一般的商業銀行並沒有什麼區別，只是它要承擔各農漁會信用部的轉存款，並且要付給他們1.5%的利差。這樣看來，各農漁會信用部既是其客戶，又是其股東，身分反而有些尷尬，甚至會帶來一些經營管理上的問題。

事實上，「農業金庫」與其他銀行相比處於相對不具競爭力的環境，一方面其可營業項目是與土地銀行、合作金庫等農業輔導銀行可提供的服務沒有區別，另一方面卻需要承受多項額外的包袱，例如，在已經有農漁會信用部且經營不錯的地方，「農業金庫」不準設立分行或辦事處，但當農漁會信用部發生問題時，「農業金庫」卻有義務去救援和接收。因此，「農業金庫」的永續存在是有相當阻礙的，除非政府另給予其它額外的協助，否則「農業金庫」很難自立永續生存，如果其自身的生存都有困難（如在2008年金融危機期間，「農業金庫」投

資雷曼兄弟，虧損150億臺幣），又怎麼能照顧好其下的農漁會信用部呢？

表3-2 「農業金庫」成立後農漁會信用部經營狀況改善情況

項目	2010年10月	2005年5月	差異比較
存款總額（億台幣）	14 802	13 437	+ 1 365
放款總額（億台幣）	7 320	5 645	+ 1 675
存放比（%）	46.28	39.25	+ 7.03
逾放金額（億台幣）	252	761	− 509
逾放比（%）	3.46	13.48	− 10.02
資本適足率（%）	13.22	10.34	+ 2.88
淨值（億台幣）	980	805	+ 175
逾放比超過15%以上家數（家）	26	107	− 81

資料來源：臺灣「農業金庫」簡報《臺灣農業金融體系之發展與農業金庫》，2010年12月27日。

（二）農漁會信用部、農漁會、「農業金庫」以及「農委會」、「金管會」之間的關係錯綜複雜

首先，對於農漁會信用部來說，一方面屬於「農業金庫」的股東，在一定程度上受「農業金庫」的指導和領導，另一方面，作為農漁會主要資金來源的部門，經營業績的好壞影響到農漁會的生存和發展。其次，對於「農業金庫」，一方面肩負政策包袱，要提供較銀行優惠的存款利息給農漁會，另一方面對內要對農漁會股東負責，但卻又不互相隸屬，與農漁會的關係十分奇妙，對外對上同時要侍奉「農委會」（主管政策）跟「金管會」（主管金融檢查）兩個婆婆。第三，對於臺灣來說，「農業金庫」本來就是在經營能力及發展空間備受質疑中成立的，同時又希望能兼顧農漁會信用部、農業金庫以及農業金融服務三方權益，導致出現許多政策矛盾及規劃上的不完善。因此，這些錯綜複雜的關係和多重利益主體的不同目標必然會引發一些矛盾和衝突，如將農業金融監管劃歸為「農委會」而非「金管會」，忽略金融產業的特質，將會形成金融監管上的隱憂。

五、臺灣農業金融未來發展方向

（一）整合全臺農漁會信用部的資源，並利用龐大的用戶網絡資源，打造綜合性的異業策略聯盟

近幾年，島內金融改革的腳步朝向大型化的金控公司前進，包括銀行與銀行間的水平合併、銀行與其它金融機構之間的垂直整合以及金控與金控之間的合併，面對島內金融的大型化、多角化，農業金融確實也需要整合，才可能與其它金控競爭。「農業金庫」的成立，恰好創造這樣的機會來整合島內的農漁會信用部，共同創造競爭優勢。例如可運用新金融通路來增加營運收入，經估算每年透過由「農業金庫」與農漁會信用部及其分部架構而成的金融通路，其訊息共同利用平臺的稅費手續費收入、保險佣金、信用卡消費等收益，約計有50億臺幣的商機；其次也可透過共同議價的方式，降低經營成本，如所有農漁會平日所需的資材及書表，如電腦設備、文具用品、服裝招牌、傳票報表等，都可以聯合採購的方式，成立相關之「聯採中心」，透過共同議價的方式降低經營成本。

另外，農漁會信用部具有深厚的群眾基礎、遍及臺灣城鄉的每一個角落，這些優勢不僅是發展農業金融的優勢，同時也是發展農產供銷、通路以及農會超市的優勢，如果這些領域都能形成一個有效的網絡、進行統一的管理，將會在很大程度上提升農業的競爭力、促進農村經濟的發展，提高農民的生活品質。未來農會將成為一個富有競爭力的集金融、貿易、物流、商業等於一體的綜合性的異業策略聯盟。農會的優勢加上健全的制度和管理，這個目標是可以實現的。目前在臺灣，7-Eleven可以寄送東西、郵局也可以銷售日用品，因此這是一個發展趨勢。對於農會來說，還有一個好處，可以在一定程度上減小農會之間發展水平的差異，其實現在就有農會之間的幫忙，都市型農會幫助鄉村型農會解決農產品通路的問題。

（二）借鑑日本農業金融發展的經驗，不斷完善相關制度法規，提高農業金融機構的經營效率和競爭力

對於行政管理機構，最重要的是用法規和制度解決問題，這樣做往往效率是最高的。為了減少農漁會信用部濫貸的問題，其剩餘存款都必須轉存到「農業金庫」，這些錢大概有三分之一用來放款，剩餘的只要符合金管會的規定，就可以進行投資，包括債券、公債、國際金融商品等等，但目前「農業金庫」的風險管理做得還不是很好。金融危機期間，金庫損失了超過一半的資本額，因此需要增資。事實上，如果「農業金庫」經營得好，農漁會信用部對它有信心，是可以渡過難關的。因為日本就有這樣的先例，日本的農村中央金庫，70%的資金進行對外投資，金融風暴期間損失了全部資本額，但其農漁會信用部在三個月內就完成了增資。因此，臺灣農業金融未來努力的方向就是要透過不斷地改革和創新，形成像日本的農協銀行體系（JA Bank System）那樣的農業金融。更重要的是讓農漁會和農漁會信用部之間的關係有所改善，因為金融是很專業的領域，因此要實現所有權和經營權的分離。也就是說，農漁會信用部的經營管理權真正屬於「農業金庫」，包括人事的任免，農漁會的總幹事能夠真正放權並認可。只有這樣，農業金融機構才可能真正提升經營效率和競爭力。

　　（三）臺灣農漁會信用部的改革對農會未來發展的影響——農會組織再造

　　臺灣農漁會存在已有百年歷史，其所扮演肩負發展農村經濟、照顧農漁民生活之功能與貢獻毋庸置疑，農漁會未來在臺灣農業經濟發展與結構轉型方面仍具有關鍵性的作用。信用部作為農漁會收入的主要來源，其風險性表現得越來越強。因此，農漁會信用部的改革是一個必然的趨勢，也是農會體制改革的一個部分。2000年左右，由於臺灣金融業的高度競爭，有36家農漁會信用部由於經營虧損被政府收掉，這些農會便失去了收入來源。因此，他們不得不想辦法尋求新的途徑去獲得收入以維持農會的運轉。從那時起，信用部盈利的農會也居安思危，開始多元化經營，拓展供銷業務，政府也放寬了農會的投資範圍，農會開始投資一些公司，包括運銷公司、農產貿易公司、農商超市、農業休閒等等。農會的多元化經營獲得回報的同時，也使得農民得到了實惠。事實上，農漁會信用部的改革在一定程度上促進了農會組織的再造，股金制的恢復、總幹事遴選制度、農會幹部素質、權力的制衡、義務與責任的釐清等方面的改革已經或者在未來都將是農會改革的重要內容。

第二節　大陸農村金融（以村鎮銀行發展為例）——改革、體系、問題與發展方向

一、農村金融改革——新型農村金融機構的構建

改革開放三十多年來，大陸農村金融改革經歷了曲折的歷程，在農村信用社體制改革、農村政策性金融改革、農村民間金融管理體制改革以及新型農村機構等方面都取得了一些進展。特別是2006年12月20日發布的《中國銀行業監督管理委員會關於調整放寬農村地區銀行業金融機構准入政策，更好支持社會主義新農村建設的若干意見》（以下簡稱《意見》），提出農村金融市場開放的試點方案，這是近十幾年來大陸農村金融領域力度最大的改革舉措。除農村商業銀行、農村合作銀行、農村信用社等傳統農村金融機構外，村鎮銀行、貸款公司以及農村資金互助社等新型農村金融機構獲得了長足的發展，村鎮銀行是其中最重要的一種形式。因此，本文將主要以村鎮銀行作為研究對象，探討其建立、發展、存在的問題以及未來的發展方向。

（一）改革（農村金融市場開放）意義

《意見》指出：調整放寬農村地區銀行業金融機構准入政策，開放農村金融市場開放，鼓勵新型農村金融機構的發展，主要意義是「為解決農村地區銀行業金融機構網點涵蓋率低、金融供給不足、競爭不充分等問題，中國銀行業監督管理委員會按照商業可持續原則，適度調整和放寬農村地區銀行業金融機構准入政策，降低准入門檻，強化監管約束，加大政策支持，促進農村地區形成投資多元、種類多樣、涵蓋全面、治理靈活、服務高效的銀行業金融服務體系，以更好地改進和加強農村金融服務，支持社會主義新農村建設」。

（二）改革（農村金融市場開放）的主要內容

1.放開准入資本範圍。積極支持和引導境內外銀行資本、產業資本和民間資

本到農村地區投資、收購、新設以下各類銀行業金融機構：一是鼓勵各類資本到農村地區新設主要為當地農戶提供金融服務的村鎮銀行。二是農村地區的農民和農村小企業也可按照自願原則，發起設立為入股社員服務、實行社員民主管理的社區性信用合作組織。三是鼓勵境內商業銀行和農村合作銀行在農村地區設立專營貸款業務的全資子公司。四是支持各類資本參股、收購、重組現有農村地區銀行業金融機構，也可將管理相對規範、業務量較大的信用代辦站改造為銀行業金融機構。五是支持專業經驗豐富、經營業績良好、內控管理能力強的商業銀行和農村合作銀行到農村地區設立分支機構，鼓勵現有的農村合作金融機構在本機構所在地轄內的鄉（鎮）和行政村增設分支機構。

2.調低註冊資本，取消營運資金限制。根據農村地區金融服務規模及業務複雜程度，合理確定新設銀行業金融機構註冊資本。一是在縣（市）設立的村鎮銀行，其註冊資本不得低於人民幣300萬元；在鄉（鎮）設立的村鎮銀行，其註冊資本不得低於人民幣100萬元。二是在鄉（鎮）新設立的信用合作組織，其註冊資本不得低於人民幣30萬元；在行政村新設立的信用合作組織，其註冊資本不得低於人民幣10萬元。三是商業銀行和農村合作銀行設立的專營貸款業務的全資子公司，其註冊資本不得低於人民幣50萬元。四是適當降低農村地區現有銀行業金融機構透過合併、重組、改制方式設立銀行業金融機構的註冊資本，其中，農村合作銀行的註冊資本不得低於人民幣1000萬元，以縣（市）為單位實施統一法人的機構，其註冊資本不得低於人民幣300萬元。

取消境內銀行業金融機構對在縣（市）、鄉（鎮）、行政村設立分支機構撥付營運資金的限額及相關比例的限制。

3.調整投資人資格，放寬境內投資人持股比例。適當調整境內企業法人向農村地區銀行業法人機構投資入股的條件。境內企業法人應具備良好誠信記錄、上一年度盈利、年終分配後淨資產達到全部資產的10%以上（合併會計報表口徑）、資金來源合法等條件。

資產規模超過人民幣50億元，且資本充足率、資產損失準備充足率以及不良資產率等主要審慎監管指標符合監管要求的境內商業銀行、農村合作銀行，可

以在農村地區設立專營貸款業務的全資子公司。

村鎮銀行應採取發起方式設立,且應有1家以上(含1家)境內銀行業金融機構作為發起人。適度提高境內投資人入股農村地區村鎮銀行、農村合作金融機構持股比例。其中,單一境內銀行業金融機構持股比例不得低於20%,單一自然人持股比例、單一其他非銀行企業法人及其關聯方合計持股比例不得超過10%。任何單位或個人持有村鎮銀行、農村合作金融機構股份總額5%以上的,應當事先經監管機構批准。

4.放寬業務准入條件與範圍。在成本可算、風險可控的前提下,積極支持農村地區銀行業金融機構開辦各類銀行業務,提供標準化的銀行產品與服務。鼓勵並扶持農村地區銀行業金融機構開辦符合當地客戶合理需求的金融創新產品和服務。農村地區銀行業法人機構的具體業務准入實行區別對待,因地制宜,由當地監管機構根據其非現場監管及現場檢查結果予以審批。

充分利用商業化網絡銷售政策性金融產品。在農村地區特別是老少邊窮地區,要充分發揮政策性銀行的作用。在不增設機構網點和風險可控的前提下,政策性銀行要逐步加大對農村地區的金融服務力度,加大信貸投入。鼓勵政策性銀行在農村地區開展業務,並在平等自願、誠實信用、等價有償、優勢互補原則基礎上,與商業性銀行業金融機構開展業務合作,適當拓展業務空間,加大政策性金融支農服務力度。

鼓勵大型商業銀行創造條件在農村地區設置ATM機,並根據農戶、農村經濟組織的信用狀況向其發行銀行卡。支持符合條件的農村地區銀行業金融機構開辦銀行卡業務。

5.調整董(理)事、高級管理人員准入資格。一是村鎮銀行的董事應具備與擬任職務相適應的知識、經驗及能力,其董事長、高級管理人員應具備從事銀行業工作5年以上,或者從事相關經濟工作8年以上(其中從事銀行業工作2年以上)的工作經驗,具備大專以上(含大專)學歷。二是在鄉(鎮)、行政村設立的信用合作組織,其高級管理人員應具備高中或中專以上(含高中或中專)學歷。三是專營貸款業務的全資子公司負責人,由其投資人自行決定,事後報備當

地監管機構。四是取消在農村地區新設銀行業金融機構分支機構高級管理人員任職資格審查的行政許可事項，改為參加從業資格考試合格後即可上崗。五是村鎮銀行、信用合作組織、專營貸款業務的全資子公司，可根據本地產業結構或信貸管理的實際需要，在同等條件下，適量選聘具有農業技術專長的人員作為其董（理）事、高級管理人員，或從事信貸管理工作。

6.調整新設法人機構或分支機構的審批權限。上述准入政策調整範圍內的銀行業法人機構設立，分為籌建和開業兩個階段。其籌建申請，由銀監分局受理，銀監局審查並決定；開業申請，由銀監分局受理、審查並決定。在省會城市所轄農村地區設立銀行業法人機構的，由銀監局受理、審查並決定。

其籌建行政許可事項，其籌建方案應事前報當地監管機構備案（設監管辦事處的，報監管辦事處備案）。其開業申請，由銀監分局受理、審查並決定；未設銀監分局的，由銀監局受理、審查並決定。

上述法人機構及其分支機構的金融許可證，由決定機關頒發。

7.實行簡潔、靈活的公司治理。農村地區新設的各類銀行業金融機構，應針對其機構規模小、業務簡單的特點，按照因地制宜、運行科學、治理有效的原則，建立並完善公司治理，在強化決策過程的控制與管理、縮短決策鏈條、提高決策經營效率的同時，要加強對高級管理層履職行為的約束，防止權力的失控。一是新設立或重組的村鎮銀行，可只設董事會，並由董事會行使對高級管理層的監督職能。董事會可不設或少設專門委員會，並可視需要設立相應的專門管理小組或崗位，規模微小的村鎮銀行，其董事長可兼任行長。二是信用合作組織可不設理事會，由其社員大會直接選舉產生經營管理層，但應設立由利益相關者組成的監事會。三是專營貸款業務的全資子公司，其經營管理層可由投資人直接委派，並實施監督。

二、大陸農村金融體系

經過三十多年的農村金融體制改革，目前中國已經形成了包括商業性金融機構、政策性金融機構、合作性金融機構在內的，以正規金融機構為主導，以農村信用社為核心，新型農村金融機構以及民間金融組織共同發展的農村金融體系（如圖3-4所示）。各類金融機構的主要農村金融業務和服務對象如表3-3所示，其中，村鎮銀行作為新型農村金融機構中最重要的一種形式，與農民有著密切的內在聯繫，其內部創新的動力和意識非常強，經過四年多的發展，在實踐中創造了很多行之有效的組織形式、運作模式和治理模式。如果能及時總結經驗，不斷創新和發展，未來將促進大陸農村金融市場的競爭結構、產權結構，使得農村經濟發展獲得更大、更有效的金融支持。

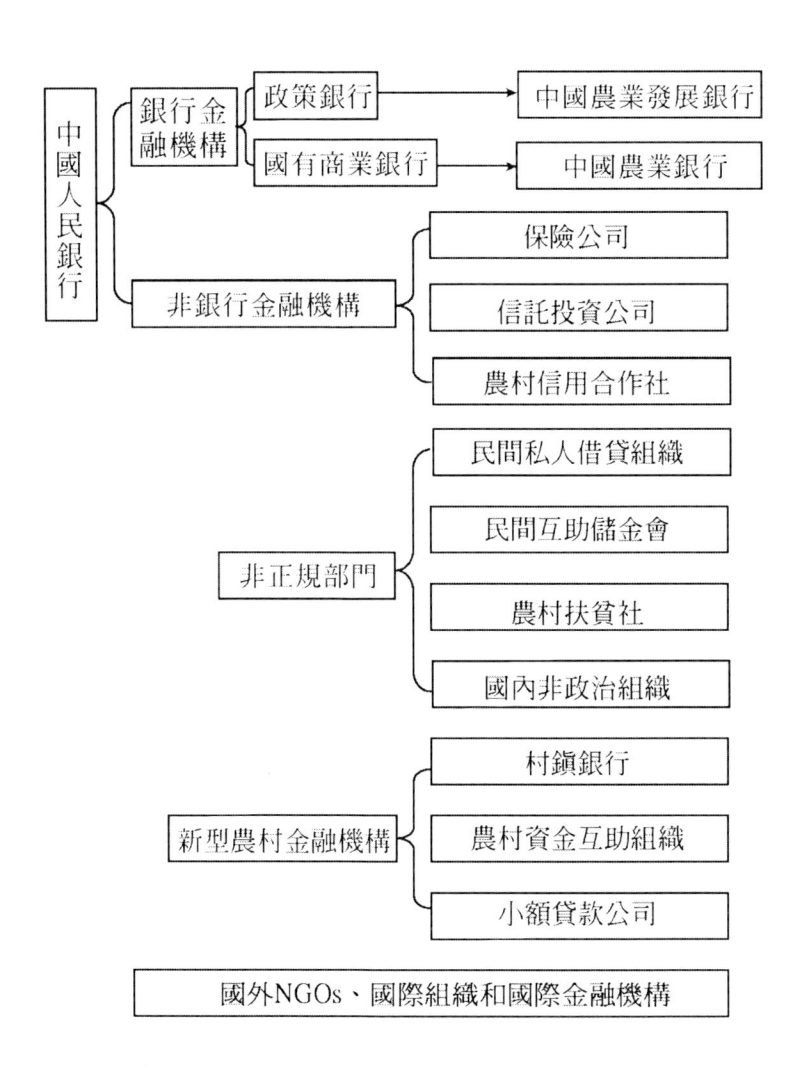

```
                    ┌─ 政策銀行 ────── 中國農業發展銀行
         ┌─ 銀行金融機構 ┤
         │          └─ 國有商業銀行 ── 中國農業銀行
中國人民銀行 ┤
         │              ┌─ 保險公司
         └─ 非銀行金融機構 ┤─ 信託投資公司
                        └─ 農村信用合作社

              ┌─ 民間私人借貸組織
              │─ 民間互助儲金會
  非正規部門 ┤
              │─ 農村扶貧社
              └─ 國內非政治組織

                  ┌─ 村鎮銀行
  新型農村金融機構 ┤─ 農村資金互助組織
                  └─ 小額貸款公司

  國外NGOs、國際組織和國際金融機構
```

圖3-4 大陸農村金融體系圖

資料來源：作者整理。部分參考：何廣文等著，中國農村金融發展與制度變遷，中國財政經濟出版社，2005年11月，P2。

表3-3 各類金融機構在中國農村金融市場上的作用

組織機構	主要農村金融業務	主要服務對象
中國人民銀行	維持農村金融市場秩序、監管農村金融機構的業務活動	正規金融機構
中國農業發展銀行	農副產品國家專儲貸款、購銷貸款、加工企業貸款、基建和技改貸款、老少邊窮地區發展經濟貸款（革命老區、少數民族自治地區、陸地邊境地區和欠發達地區）、貧困縣辦工業貸款、農業綜合開發貸款、財政貼息農業貸款	糧食營銷企業、政府有關部門、加工企業
中國農業銀行	農村工商業貸款	農村企業、農戶
保險公司	農村財產保險、人壽保險	
信託投資公司	農村信託投資	
農村信用合作社	吸收存款、農戶小額貸款、小型農村工商業貸款	
農村扶貧社	農戶小額貸款	農戶
農民互助儲備金	農戶儲蓄和農戶小額貸款	
村鎮銀行	農戶、農村企業的小額貸款	農戶、農村企業
農村資金互助組織	農戶、農村企業的小額貸款	農戶、農村企業
小額貸款公司	農戶、農村企業的小額貸款	農戶、農村企業
非政府組織	農戶小額貸款	農戶
國際組織		

資料來源：作者整理。部分參考：何廣文等著，中國農村金融發展與制度變遷，中國財政經濟出版社，2005年11月，P3。

（一）村鎮銀行的界定及性質

村鎮銀行是指經中國銀行業監督管理委員會依據有關法律、法規批准，由境內外金融機構、境內非金融機構企業法人、境內自然人出資，在農村地區設立的主要為當地農民、農業和農村經濟發展提供金融服務的銀行業金融村鎮銀行是獨立的企業法人，享有由股東投資形成的全部法人財產權，依法享有民事權利，並以全部法人財產獨立承擔民事責任。

村鎮銀行股東依法享有資產收益、參與重大決策和選擇管理者等權利，並以其出資額或認購股份為限對村鎮銀行的債務承擔責任。

村鎮銀行以安全性、流動性、效益性為經營原則，自主經營，自擔風險，自

负盈亏，自我約束。

村鎮銀行依法開展業務，不受任何單位和個人的干涉。

村鎮銀行不得向關係人發放信用貸款；向關係人發放擔保貸款的條件不得優於其他借款人同類貸款的條件。

村鎮銀行不得發放異地貸款。

村鎮銀行應遵守國家法律、行政法規，執行國家金融方針和政策，依法接受銀行業監督管理機構的監督管理。

（二）大陸村鎮銀行發展概況

根據《意見》的相關指導精神，銀監會制定了詳細的大陸村鎮銀行發展計劃（如表3-4所示），預計到2011年底，大陸的村鎮銀行將達到1131家。同時，自2006年12月《意見》頒布以來，相關部門也制定了一系列鼓勵村鎮銀行發展的政策，不斷完善對村鎮銀行這種新型金融機構的管理、監督和指導，從而促進其健康發展，這對大陸農村金融結構的提升和農民信貸現狀的改善將造成積極的重要作用。主要表現在以下幾個方面：第一，村鎮銀行的建立實現了農民金融機構產權主體的多元化，而這種股權結構的變化最終使得村鎮銀行的內部治理結構和激勵約束機制與原來的農村信用社迥然不同；第二，村鎮銀行的成立促進了區域之間的競爭，使得跨區域的資金整合成為可能，而這種跨區域的競爭對於提高資金使用效率、改善地方金融生態、先進地區金融經驗向後進地區滲透具有極為重要的意義；第三，村鎮銀行引進了更多的外資銀行加盟到中國的農村金融市場，有助於大陸農村金融總體質量的提高；第四，村鎮銀行的建立還使得大陸現有政策性金融機構、商業性金融機構和合作金融機構有了更豐富多元的投資選擇，使他們可以借助新型的金融平臺，把資金有效投入到新農村建設中。

表3-4　大陸村鎮銀行發展計劃表

地圖分布	序號	省（區、市）/計劃單列市	試點地點合計	2008年年底前經批准的試點指標數量	2009~2011年計劃試點數量			
					小計	其中		
						2009年	2010年	2011年
東部地區	1	北京	9	2	7	3	2	2
	2	天津	13	2	11	3	4	4
	3	河北	77	1	73	13	28	35
	4	遼寧	46	4	42	28	7	7
	5	上海	13	1	12	3	4	5
	6	江蘇	58	6	52	21	17	14
	7	浙江	35	5	30	11	9	10
	8	福建	8	2	6	2	2	2
	9	山東	98	1	97	17	15	65
	10	廣東	18	2	16	3	6	7
	11	海南	8	0	8	2	3	3
	12	大連	6	2	4	3	1	0
	13	青島	5	2	3	3	0	0
	14	寧波	16	2	14	5	5	4
	15	廈門	2	0	2	1	0	1
	16	深圳	6	0	6	2	2	2
		小計	418	32	386	120	105	161

續表

地圖分布	序號	省（區、市）/計劃單列市	試點地點合計	2008年年底前經批准的試點指標數量	2009~2011年計劃試點數量			
					小計	其中		
						2009年	2010年	2011年
中部地區	17	山西	29	3	26	9	11	6
	18	吉林	16	6	10	4	3	3
	19	黑龍江	30	3	27	11	7	9
	20	安徽	61	2	59	18	18	23
	21	江西	38	3	35	14	10	11
	22	河南	106	2	104	31	34	39
	23	湖北	44	9	35	9	17	9
	24	湖南	13	3	10	4	3	3
		小計	337	31	306	100	103	103
西部地區	25	重慶	22	3	19	9	6	4
	26	四川	12	26	15	7	4	
	27	貴州	55	2	53	19	16	18
	28	雲南	125	3	122	13	67	42
	29	陝西	10	2	8	3	2	3
	30	甘肅	30	7	23	7	9	7
	31	青海	2	1	1	1	0	0
	32	寧夏	8	2	6	2	2	2
	33	新疆	27	1	26	7	10	9
	34	廣西	16	2	14	5	5	4
	35	內蒙古	43	6	37	11	12	14
	36	西藏	0	0	0	0	0	0
		小計	376	41	335	92	136	107
		合計	1131	104	1027	312	344	371

資料來源：中國銀監會。

> ### 近年來村鎮銀行發展相關鼓勵政策
>
> 2006年12月，銀監會《關於調整放寬農村地區銀行業金融機構准入政策更好支持社會主義新農村建設的若干意見》，放寬了農村地區銀行業金融機構准入政策，加大政策支持。
>
> 2007年1月，銀監會發布《村鎮銀行管理暫行規定》、《村鎮銀行組建審批工作指引》，加強對村鎮銀行的監督管理，規範其組織和行為。
>
> 2007年7月，銀監會發布《中國銀行業農村金融服務分布圖集》，全面反映了全國31個省（區、市）、2000多個縣（市）、3萬多個鄉鎮的農村金融服務充分程度、競爭程度以及各行政區劃範圍內銀行業機構網點涵蓋和服務情況，為有序引導各類資本設立新型農村金融機構提供了決策依據。
>
> 2007年6月，《內地與香港關於建立更緊密經貿關係的安排》補充協議四，《內地與澳門關於建立更緊密經貿關係的安排》補充協議四，鼓勵香港、澳門銀行到內地農村設立村鎮銀行
>
> 2008年4月，中國人民銀行和銀監會聯合發布《關於村鎮銀行、貸款公司、農村資金互助社、小額貸款公司有關政策的通知》，明確對四類新型機構的經營管理和風險監管政策。
>
> 2009年7月，銀監會發佈《新型農村金融機構2009年—2011年總體工作安排》，提出了到2011年底在全國設立1294家新型農村金融機構的計劃，其中村鎮銀行1027家、貸款公司106家、農村資金互助社161家。
>
> 2010年6月，財政部發布《中央財政農村金融機構定向費用補貼資金管理暫行辦法》，規定中央財政對當年貸款平均餘額同比增長、年末存貸比高於50%且達到銀監會監管指標要求的村鎮銀行，按當年平均貸款餘額的2%給予補貼。

資料來源：近年來村鎮銀行發展相關鼓勵政策盤點，http://www.chinairn.com/doc/4080/656743.html。

到目前為止，大陸村鎮銀行的發展經歷了兩個階段，第一階段（2006年年底至2007年10月），該階段在四川、內蒙古、甘肅、青海、吉林和湖北等六省（區）進行試點，共成立了12家村鎮銀行，具體情況如表3-5所示。第二階段（2007年10月至2010年末），該階段擴大了調整放寬農村地區銀行業金融機構

准入政策試點範圍,將試點省份從六個省(區)擴大到三十個省(市、區),截止到2010年4月底,共有172家村鎮銀行開業,如表3-6所示。

表3-5試點期間村鎮銀行開辦情況

省(區)	機構名稱	成立時間	註冊資本(萬元)	主發起人
四川	儀隴惠民商業銀行	2007－03－01	200	南充市商業銀行
	北川富民村鎮銀行	2007－07－19	531	綿陽市商業銀行 國家開發銀行
青海	大通開元村鎮銀行	2007－04－07	2000	國家開發銀行
甘肅	慶陽瑞信村鎮銀行	2007－03－15	1080	西峰區農村信用聯社
	涇川匯通村鎮銀行	2007－03－16	800	國家開發銀行
	隴南武都金橋村鎮銀行	2007－07－20	800	蘭州市商業銀行
內蒙古	包頭市包商惠農村鎮銀行	2007－04－18	300	包頭市商業銀行
吉林	磐石融豐村鎮銀行	2007－03－01	2000	吉林市商業銀行
	東豐誠信村鎮銀行	2007－03－01	2000	遼源市城市信用社
	敦化江南村鎮銀行	2007－03－28	1000	延邊農村商業銀行
湖北	仙桃北農商村鎮銀行	2007－04－29	1000	北京農村商業銀行
	恩施咸豐常農商村鎮銀行	2007－08－18	1000	常熟農村商業銀行

資料來源:李萌,村鎮銀行四年回顧及展望,銀行家,2011.2,P107。

表3-6 2010年4月底172家村鎮銀行地區分布情況

地區	省份	機構數	地區	省份	機構數
東部	北京	3	中部	湖南	5
	天津	2		江西	5
	河北	1		吉林	7
	山東	3	合計		46
	江蘇	11		內蒙古	9
	浙江	15		廣西	6
	上海	4		重慶	7
	福建	2		雲南	5
	海南	0		四川	12
	遼寧	22		貴州	4
	廣東	3		陝西	3
合計		66		甘肅	8
中部	黑龍江	5		新疆	2
	山西	2		寧夏	3
	河南	9		青海	1
	安徽	6		西藏	0
	湖北	7	合計		60

資料來源：王修華、賀小金、何婧，村鎮銀行發展的制度約束及優化設計，農業經濟問題，2010.3，P58。

（三）村鎮銀行的主要業務

經銀監分局或所在城市銀監局批准，村鎮銀行可經營下列業務：（1）吸收公眾存款；（3）發放短期、中期和長期貸款；（3）辦理國內結算；（4）辦理票據承兌與貼現；（5）從事同業拆借；（6）從事銀行卡業務；（7）代理發行、代理兌付、承銷政府債券；（8）代理收付款項及代理保險業務；（9）經

銀行業監督管理機構批准的其他業務。

村鎮銀行按照國家有關規定，可代理政策性銀行、商業銀行和保險公司、證券公司等金融機構的業務。

有條件的村鎮銀行要在農村地區設置ATM機，並根據農戶、農村經濟組織的信用狀況向其發行銀行卡。

對部分地域面積大、居住人口少的村、鎮，村鎮銀行可透過採取流動服務等形式提供服務。

（四）經營模式

根據《村鎮銀行管理暫行規定》第二章第九條的規定，村鎮銀行應依照《中華人民共和國公司法》自主選擇組織形式。在實際運作過程中，依據村鎮銀行產權構成和組織形式劃分，可分為銀行獨資、有限責任公司、股份有限公司三種模式。

1.銀行獨資的村鎮銀行

村鎮銀行由發起銀行全額出資，為發起銀行獨資的子銀行，各項業務併入其發起銀行。這種模式的利與弊對於不同的利益主體而言較為鮮明。對發起銀行而言，不與其他出資人磋商和磨合，易於決策、執行與監督，直接實施並表監管，充分體現出資銀行的意願。中資銀行透過組建村鎮銀行，直接實現跨區域經營，擴大其在新服務區域的影響力。外資銀行透過全資組建村鎮銀行，簡約其步入中國市場的政策屏障，加快人民幣經營的步伐，直接參與中國縣域銀行業的經營。這種模式的弊端在於銀行經營本土化的步伐較慢，難以透過產權的協作與要素的優化組合，有效調動多方支持村鎮銀行發展的積極性，遲滯村鎮銀行的業務發展。銀行獨資組建村鎮銀行，創立與維持費用相對較高，消耗銀行的資本基礎較大，實現村鎮銀行的商業可持續相對較難，容易增加出資銀行的決策難度，並制約著這種模式的擴大試點。

2.有限責任公司模式

銀行控股、出資人在49名以下的村鎮銀行被稱之為有限責任公司模式。依

據銀行持股的比重，具體又可以分為銀行絕對控股與銀行相對控股兩種形式。銀行出資占總股本50%以上的，稱之為絕對控股。銀行出資高於總股份20%低於50%的，稱之為相對控股。對於有限責任公司模式的村鎮銀行，按照相關法律規定，股東會、董事會、監事會對重大事項原則採取票決制，經營及執行一般採取會議與協商方式。這種模式的利弊也十分鮮明。能夠促成出資的銀行、企業、自然人在村鎮銀行這一平臺上的產權結合，據此實現銀行、企業與行政資源在村鎮銀行的優化與配置，並釋放出應有的能量，反之則不然。這種模式可以推進村鎮銀行的本土化，調動出資人、地方黨政、發起銀行等各方積極性，降低運行與協調成本，保護合法權益，提升村鎮銀行的經濟與社會影響。因出資人有限，也能夠促成重大事項的相對共識，盡快構建村鎮銀行特有的文化與經營模式。發起銀行選擇絕對或相對控股村鎮銀行與否，主要取決於其董事會、資本基礎、是否並表及風險隱患的控制能力。

3.股份有限公司模式

村鎮銀行出資人多於50個的被稱為股份有限公司。依據發起銀行的意願及出資額比重，也可劃分為銀行絕對控股或相對持股兩種形式。這類機構的優勢在於：相對容易募集到預先設置的股本金，滿足較多參與者的投資願望；提升其在工商註冊登記的管理層次，產生一定的社會影響力；組織和動員相應的股東資源，促成在村鎮銀行平臺的結合；便於縣域的招商引資；促進村鎮銀行的經營本土化。弊端在於協調階段的成本高，形成相互認同的價值觀較為困難，對股份事務的矛盾協調與處理難度較大，股權相對分散，非銀行股東的話語權可能下降。

從以上分析可以看出，這三種模式各自具有不同的操作形式，影響著村鎮銀行的運營與效果。因此，2010年5月，銀監會頒布了《關於加快發展新型農村金融機構有關事宜的通知》，提出要探索新型農村金融機構管理模式：對設立10家以上新型農村金融機構的主發起人，允許其設立新型農村金融機構管理總部，管理總部不受地域限制；對設立30家以上新型農村金融機構的主發起人，允許探索組建新型農村金融機構控股公司；允許西部除省會城市外的其他地區和部分中部地區以地（市）為單位組建總分行制的村鎮銀行。這三種發展模式也被專家

學者概括為「管理總部制」、「控股公司制」和「總分行制」。而這些不同模式，都是大陸在農村金融上所做的有益探索。無論哪種模式，主導思想首先是調動起積極性，吸引更多的社會資本進入農村金融市場、進到「三農」領域中。

三、村鎮銀行發展中存在的問題

（一）村鎮銀行目標定位尚不清晰，社會認知度不高

目前，村鎮銀行目標定位尚不清晰。根據《村鎮銀行管理暫行規定》，服務「三農」是村鎮銀行的根本宗旨。一些村鎮銀行的發起人或出資人把實現利潤最大化作為自身最大的追求目標，而農民作為弱勢群體，農業、農村經濟作為高風險、低效益的弱勢經濟，受自然條件和市場條件的影響巨大。在農業政策性保險嚴重缺乏的情況下，受利益驅使，村鎮銀行在價值取向上偏離宗旨，追逐高利潤、高回報的工業行業。因此，如何在服務「三農」政策目標的基礎上實現盈利是村鎮銀行持續發展必須要解決的問題。

村鎮銀行的社會認知度有待進一步提高。村鎮銀行在農村地區是一個新生事物，有些人認為，村鎮銀行是「私人銀行」，不知什麼時候就會關門「黃了」，對村鎮銀行一直持懷疑和觀望的態度。另外，村鎮銀行目前的經營規模偏小，不能滿足一些較大項目的融資需求，地方政府對村鎮銀行的認可度也較低。

（二）村鎮銀行不「村鎮」，涉農貸款少，資金大量外流，對「三農」的支持力度不夠

《意見》規定，農村地區銀行業金融機構應制定滿足區域內農民、農村經濟對金融服務需求的信貸政策，鼓勵農村地區其他新設銀行業金融機構在兼顧當地普惠性和商業可持續性的前提下，將其在當地吸收的資金儘可能多地用於當地。但是，目前村鎮銀行的資金外流現象較為嚴重，即所謂資金的「農轉非」。2009年2月末，大足匯豐村鎮銀行貸款餘額1649萬元，全部為公司類抵押貸款，個人貸款和農戶貸款金額均為0。開業至今還沒有一筆涉農貸款，業務也沒有深

入到村鎮地區，更多是流向縣城的其他類型企業。截止到2008年12月2日，儀隴惠民村鎮銀行貸款餘額634筆，金額3719萬，但對農戶的貸款金額占比卻只有40%，農戶還沒有成為貸款的絕對主體。

如何確保其「下鄉」動力、真正服務於「三農」是個難題。「在縣域範圍內，肯定是首先搶抓縣城的中小企業客戶，而不是主動下鄉。」一位村鎮銀行行長認為，無論是吸收存款還是發放貸款，村鎮銀行在只有一個網點的情況下，擴大服務半徑到縣城以下的鄉鎮和農村地區，不僅使得成本高昂，原有的訊息對稱優勢也將消失。從吸收存款來看，村鎮銀行在鄉鎮沒有網點，在利率大致相當的情況下，農民願意就近選擇存取款更方便的農信社，村鎮銀行沒有優勢；從發放貸款來看，下鄉營銷、做貸前調查、貸後管理的成本高，而農戶貸款單筆額度小、風險較高，村鎮銀行更願意就近選擇訊息對稱、單筆貸款額度較大、服務成本更低的縣域工商戶、中小企業。

（三）村鎮銀行的稅負比信用社重，政府支持力度不夠，配套措施尚未到位

儘管同樣定位於服務「三農」，但針對村鎮銀行的所得稅和營業稅等稅負明顯重於農村信用社等同類農村銀行機構，比照一般商業銀行標準執行。東豐誠信村鎮銀行的營業稅為5%，營業稅附加為3%，城市建設稅為5%，所得稅為25%，稅收種類較多，稅負較重。而當地的農村信用社營業稅僅為3.3%，比村鎮銀行低了1.7%，並且免三年所得稅。大足匯豐村鎮銀行的營業稅及附加為5%，而當地農村商業銀行為3%。同時，村鎮銀行沒有獲得農村信用社已經享受到的支農再貸款、委託貸款、貼息貸款、財政性存款等優惠政策。稅務負擔及優惠政策的不一致，使村鎮銀行利潤空間受到進一步的擠壓，也使其在與農信社的競爭中處於更加劣勢的地位。

村鎮銀行經營和發展的一些配套措施尚未到位。由於村鎮銀行不能加入全國銀行間同業拆借市場，再貼現、支農再貸款等貨幣政策工具也無法使用。大多數村鎮銀行至今不能獲得結算行號，村鎮銀行還無法以直聯方式加入大小額支付系統，無法開立匯票，不能與其他銀行實現互聯互通，只能進行資金的手工清算，匯劃到帳速度較慢，而且容易出現差錯事故，導致客戶無法在銀行之間直接劃

帳、全國支票不能結算，企業願意到村鎮銀行存款的很少。另外，中國銀聯的入網費用高達300萬元，村鎮銀行往往難以承受，限制了其開發新產品的能力。

四、村鎮銀行未來發展方向

（一）正確定位村鎮銀行，使其能夠真正服務「三農」

從《村鎮銀行管理暫行規定》第一章第二條和第三條規定可以看出，目前村鎮銀行堅持的是完全商業化的定位，其核心是提高盈利能力，回報股東。然而，村鎮銀行的商業化模式不能完全解決農民、農業和農村產生的金融需求。如農民和涉農企業，兩者的貸款需求和貸款困難完全不同。農業企業需求額度大，有擔保和抵押，而農民額度小，無抵押。再如不同地區的農民，東部地區的農戶收入較高，需求額度較大，貸款主要用於擴大再生產（如購買農機用具，擴大農業生產規模等）；而西部地區的農戶收入較低，需求額度較小，主要是消費類貸款（如購買家用電器、就醫、入學等），這兩類貸款也不盡相同。但是，只要村鎮銀行定位於商業銀行，在盈利衝動和風險控制的約束下，農業以及貧困地區就不可能真正成為村鎮銀行關心的對象，資金還是會流到比較發達的地方。因此，在政策設計上，要正確定位村鎮銀行，對股東入股成立的村鎮銀行堅持完全商業化，主要滿足涉農企業的貸款需求，兼顧農戶貸款。同時，成立政策性村鎮銀行，資本金來源為財政撥款或者政策性銀行的低息貸款，主要滿足農戶的貸款的需求。這兩者的區別主要是資本金來源的不同以及是否以盈利最大化為目標，在經營上仍都需堅持市場化運作。只有這樣，農村地區的農戶，特別是貧困地區的農戶的融資需求才可能得到滿足。

（二）創新信貸抵押模式，真正成為農民自己的銀行

村鎮銀行的建立和發展只有短短四年的時間，農民甚至地方政府對其認可度還不高。要想獲得最基層農民的信任，必須不斷創新抵押和擔保模式。可以從以下幾方面來探索：第一，在流程設計上，應簡化流程，縮短貸款審批時間；第

二，在擔保和抵押模式上，可建立農民貸款小組，採用村民互保和村委會擔保的方式，讓村民之間均能從擔保模式中受益。同時，可以建立農民貸款評價量表，確定授信額度。在評價量表中，可設置經濟能力指標和人品、誠信等指標，並增加人品、誠信指標的權重；第三，在貸款風險識別中，可建立鄉村聯絡員制度、金融服務站，深入基層識別農戶的人品和還款能力，切實有效降低貸款的風險。遏制村鎮銀行資金外流的最主要途徑是使村鎮銀行扎根於農村，而關鍵在於村鎮銀行能從農村地區持續性盈利。而持續性盈利則要寄望於村鎮銀行自身根據農村金融的特性進行創新。

（三）政府應該在各方面給予村鎮銀行足夠的支持，使其健康有序發展

村鎮銀行是「草根銀行」，其信貸支持的主要對象為農業、農村和農民，理應受到更多的關心和支持。因此，政府應該在各方面給予足夠的支持，主要包括以下幾個方面：一是人民銀行應給予村鎮銀行一定的支農貸款支持，以擴大村鎮銀行的資金實力；二是放鬆利率管制，允許村鎮銀行根據當地經濟發展水平、資金供求狀況、債務人可承受能力自主確立貸款利率；三是對初創階段的村鎮銀行減免營業稅和所得稅，支持其發展壯大；四是加快建立農業政策性保險機制，為村鎮銀行的資金安全提供切實保障；五是建立必要的風險補償機制，建立村鎮銀行服務「三農」和支持新農村建設的正向激勵機制；六是監管部門應頒布政策，支持村鎮銀行與農村信用社進行適度的有序競爭，增強村鎮銀行的活力。

第三節　兩岸農業金融制度比較

農業是弱勢產業，「三農」問題一直是兩岸都非常關注的問題。農業金融作為解決「三農」問題的核心，兩岸也一直在進行改革和探索，希望可以建立起能夠真正服務「三農」的農業金融體制。在對兩岸農業金融近期改革、農業金融體系、存在問題及未來發展方向進行分析的基礎上，本部分將從幾個方面對兩岸的農業金融進行比較分析，以期可以互相借鑑，設計出符合農業生產經營特點的金

融產品和業務，構建農業金融與農民穩定長久的關係。

一、農業金融的職能定位

從農業金融的職能定位來看，臺灣的定位比較清晰，特別是2003年7月臺灣「立法院」通過的「農業金融法」中第一條明確提出制定該法律的目的就是「為健全農業金融機構之經營，保障存款人權益，促進農、漁村經濟發展」。同時在該法中還明確規定了農業金融體系內各相關部門的職責、義務，「農業金庫」和農漁會信用部業務分工明確，各農業金融機構的主管機關、監理單位和支持補全單位職責清晰。而大陸的農村金融則存在職能定位不清的問題，農村金融體系中的各部分在功能上有模糊和重合的地方，商業性銀行和政策性銀行功能有交叉，存在錯位現象。如目前中國農業銀行主要支持農業產業化經營、農村小城鎮建設，同時承擔農村的信貸扶貧任務，說明農業銀行的經營不完全是商業性的，也有政策性的金融服務，這樣就與農業發展銀行在功能上有交叉；而農村信用社在服務對象與服務種類上與農業銀行又有重複的部分。

二、農業金融體系

從農業金融體系來看，臺灣有一個獨立於一般金融之外的完整的農業金融體系。體系中的農業金融機構、主管機關、相關監理單位和支持補全單位能夠各司其職，全方位地滿足臺灣農業生產、農村經濟和社會建設以及農民生活所需的各項資金。專門負責農業金融制度規劃、政策制定以及農業金融機構輔導、監理的「農業委員會農業金融局」、有深厚群眾基礎的農漁會信用部、協助擔保能力不足的農民和農業企業進行擔保的農業信用保證基金以及信用部經營不善退場時負責資金缺口賠付的金融重建基金，完善的體系和機制能夠保證臺灣農業轉型升級

所需要的資金。相比較而言，大陸的農業金融體系中包括政策性金融機構、商業性金融機構等銀行金融機構，農村信用合作社、信託投資公司等非銀行金融機構，民間私人借貸組織、農民互助儲金會等民間非正式金融組織以及村鎮銀行、小額貸款公司等新型農村金融機構，呈現出金融供給主體多元化、供給形式多樣化的特點，儘管如此，大陸農村金融資源嚴重不足，農村經濟和社會發展得不到足夠的金融資源，這在很大程度上制約了農業經濟和農村社會的發展。其中農村金融體系不健全是一個重要原因。事實上，金融體系範圍廣泛，不僅僅限於融資機構，而目前大陸的農村金融體系中主要是融資機構，與農村經濟社會發展相匹配的非融資金融機構如保險、擔保、保障以及證券機構則相當缺乏。

三、村鎮銀行與農漁會信用部

村鎮銀行是大陸近幾年來蓬勃發展起來的一種新型農村金融機構，被專家稱為「草根金融」，其發展定位與臺灣的農漁會信用部都一定的相同之處。但從群眾基礎這方面比較來看，臺灣的農漁會信用部作為農會的一個重要部門，有深厚的群眾基礎，具有一般金融機構無法比擬的優勢；而大陸的村鎮銀行則是由城市商業銀行、農村商業銀行、農村信用社、外資銀行、股份制商業銀行、四大國有商業銀行以及國家開發銀行等金融機構發起設立，目前的社會認知程度還不高，農民以及地方政府對其還沒有足夠的信任，在很大程度上也無法與原有的一些商業銀行競爭。

從經營管理模式來看，臺灣的農漁會信用部與全臺「農業金庫」的關係比較特殊，這是目前臺灣農業金融體制中存在的最大問題。一方面他們都是獨立的法人，但農漁會信用部是「農業金庫」的股東，「農業金庫」要對股東負責，他們之間不是「總行與分行」的關係；另一方面，「農業金庫」要承擔政策任務，提供優惠的存款利率給農漁會信用部，還要指導、監督農漁會信用部的工作，不能和他們「搶生意」，這樣就造成「農業金庫」在與一般商業銀行的競爭中處於劣

勢。因此，目前臺灣農業金融機構的經營管理模式是一種探索，是否能持續下去還是個未知數。相比較而言，大陸村鎮銀行是獨立的法人，其與發起機構之間的經營管理模式無論是「管理總部制」、「控股公司制」，還是「總分行制」，都是比較成熟的管理模式，只是根據各個村鎮銀行的不同情況選擇合適模式的問題。

　　從村鎮銀行和農漁會信用部存在的問題來看，有一些方面是互補的，如以上的分析，村鎮銀行「不村鎮」是個大問題，而貼近農民群眾則是農漁會信用部最大的優勢。又如，農漁會信用部與「農業金庫」之間關係複雜，未來發展前景未知，而村鎮銀行雖然存在不少問題，但都有很大的調整和改進的空間。因此，村鎮銀行的發展可以在如何更好地為農民服務方面借鑒農漁會信用部一些成功的做法，大陸的相關部門可以給予村鎮銀行更多的支持和相關配套政策，大陸的農村金融市場有廣闊的發展空間，把村鎮銀行真正建成農民自己的銀行，真正為「三農」服務。而臺灣的農漁會信用部的發展存在政治、經濟、體制以及道德風險等多方面的問題，是處在被取消的邊緣而又被給予了一次機會，「農業金庫」也是在這樣的情況下成立的，因此其未來的發展涉及的不僅僅是農漁會信用部、「農業金庫」是否應該存在、目前的農業金融體制是否應該繼續的問題，農漁會信用部作為農會的主要經費來源部門，還牽涉到農會組織再造的問題。

第四節　案例

一、三重市農會信用部

（一）金融業務項目及營業比重

1.業務項目

三重市農會信用部的營業項目主要包括收受存款、辦理放款、會員（會員同

戶家屬）及贊助會員從事農業產銷所需設備的租賃、島內匯款、代理收付款項、出租保管箱業務、代理服務業務、受託代理鄉（鎮、市）公庫、臺灣「農業金庫」委託業務、買賣外幣現鈔、其他經「中央」主管機關核准辦理的業務等11項。

2.營業比重（以2010年為例，見表3-7）

表3-7　2010年度三重市農會各項收入占總營業收入比重

項目	金額（新台幣仟元）	比重（%）
放款利息收入	157 630	57.22
存儲利息收入	81 232	29.49
代辦業務收入及手續費收入	20 370	7.39
證券投資收益收入	1103	0.40
租賃收入	11 024	4.00
其他各項收入	4102	1.49
合計	275 461	100

（二）營業目標

1.配合政令加強辦理各種政策性農業專案貸款。

2.強化專業經營管理，提升整體經營效率。

3.有效降低成本，減少費用開支。

4.加強各項代辦業務，增加手續費收入。

5.提供員工專業知識、技能培訓及強化道德風險教育。

6.藉由「農業金庫」的業務委託及聯貸作業，增加更多的金融商品來服務客戶與會員，提升績效。

（三）發展遠景

1.有利因素

第一，農會在地方經營百餘年，草根性強、人脈廣，選聘任職員團結合作、用心經營，以服務熱忱、親切受到鄉親們的信賴與信任。

第二，未來將借由臺灣「農業金庫」的業務委託、聯合授信及資訊平臺的共用，增加更多的金融商品來服務客戶與會員，提升交叉行銷績效。

2.不利因素

第一，全市有一百多家金融機構，競爭非常激烈，導致利差縮減，不易經營。

第二，基層金融商品項目有限，又受到法令諸多限制，金融競爭力相對薄弱，致使獲利來源著重利息收入，手續費收入、代辦業務收入及其他收入仍屬偏低。

（四）從業員工概況（2009～2010年，見表3-8）

表3-8 2009～2010年三重市農會從業員工概況

年份	2010年		2009年	
從業員工人數（人）	87		87	
平均年齡（歲）	45.87		44.92	
平均服務年限（年）	19.60		18.46	
學歷分布 大學	16人	18.39%	13人	14.94%
專科	16人	18.39%	18人	20.69%
高中（職）	49人	56.32%	50人	57.47%
其他	6人	6.90%	6人	6.90%

二、四川儀隴惠民村鎮銀行——大陸首家村鎮銀行

（一）儀隴惠民村鎮銀行簡介

四川儀隴惠民村鎮銀行是經中國銀監會批准的中國第一家村鎮銀行，於2007年3月1日開業。銀行註冊資本金為200萬元，南充市商業銀行作為發起人，進行控股，出資100萬元，出資比例為50%。四川明宇集團、四川海山國際貿易有限公司、西藏珠峰偉業集團、南充康達汽配集團有限公司、南充聯銀實業有限責任公司等5個企業，分別出資20萬元，出資比例分別為10%。成立時的經營團隊有10人，包括行長1名，風險主管1名，財務1名，客戶主管1名，櫃員6名，均來自南充市商業銀行。

（二）主要業務

根據農村金融的實際特點和情況，儀隴惠民村鎮銀行制定了「惠民無憂」「惠民致富」「惠民小康」三個貸款產品。這些產品將真正以「服務三農，惠民共贏」為宗旨，為儀隴縣農村地區居民和社區中小企業、個體工商戶提供優良的金融服務，促進農村地區的全面發展。

業務範圍包括：吸收公眾存款；發放短、中、長期貸款；辦理國內結算和票據承兌與貼現；從事同業拆借、銀行卡業務；代理發行、代理兌付、承銷政府債券；代理收付款項及保險業務；經銀行業監督管理機構批准的其他業務。

目前惠民村鎮銀行的貸款業務主要分為小額農戶貸款、微小企業貸款、專業農戶貸款三類，貸款對象分別為銀行業務涵蓋範圍內的種植養殖業者和個體工商戶、鄉鎮企業及手工業者等。

貸款期限分半年期、一年期和三年期。其中小額農戶貸款最高貸款金額不超過2萬元，貸款手續非常簡單方便，只憑信用無需擔保即可獲得；其餘兩類貸款最高金額不超過10萬元，需要信用和擔保。此外，貸款利率在國家基準利率的標準上均作適當上浮。具體貸款方式、信貸條件及額度如表3-9、表3-10所示。

表3-9 惠民村鎮銀行信貸條件及額度

貸款對象	貸款條件	最高貸款額度（萬元）
小額農戶	僅需資信等級評定	2
中小企業	有擔保	10
	無擔保	2
微小企業	毋須擔保，僅需資信等級評定	5

資料來源：村鎮銀行信貸模式探索——來自四川儀隴惠民村鎮銀行的實踐，新遠見，2009.1，P98。

表3-10　惠民村鎮銀行貸款方式（2008年6月）

貸款方式	惠民村鎮銀行	
	餘額（萬元）	占比（%）
信用	424	22
擔保	663	35
抵押	821	43

資料來源：中國人民銀行成都分行課題組，農村金融市場的競爭與信貸資金可得性：儀隴案例，金融參考，2009.6，P1～P11。轉引自：王修華、賀小金、何婧，村鎮銀行發展的制度約束及優化設計，農業經濟問題，2010.8，P60。

（三）經營模式

儀隴惠民村鎮銀行按照「現代銀行加合作金融經營模式」運作。規範現代銀行的法人治理結構，建立決策、經營、監督相互制衡的機制；規範機構管理制度，建立健全以風險控製為主要內容、以市場為導向、以責權利為激勵約束的運行機制；進行金融創新，開創以合作金融經營模式為手段的營銷策略，實施人才專業化戰略，開發以微小貸款為主體的產品體系，建立靈活簡便的貸款流程，構建「社區金融惠民站」，最終形成以「惠民」品牌為代表形象的村鎮銀行的核心競爭力。

惠民村鎮銀行歷時三年探索出的「農村金融合作代理組織」制度，具體模式

為，由行政村的村支書、村長、會計（或德高望重者、帶頭致富者）2～3人自願組成一個農村金融合作代理組織，每人交納5萬元保證金後，成為惠民村鎮銀行的業務代理人員，利用「人熟、地熟」的優勢為惠民村鎮銀行營銷存款，推薦貸款，代管貸款。惠民村鎮銀行按業績給予代理人員「勞務費」。

代理人員推薦的貸款客戶經惠民村鎮銀行考察符合貸款條件後，由代理人員提供全額保證擔保，並從代理人員的存款帳戶中扣取貸款額10%的金額進入保證金帳戶（即擔保金放大10倍）。貸款客戶按期歸還貸款本息後，保證金帳戶內相應的金額解凍。貸款客戶若貸款逾期、欠息，代理人員承擔催收責任，若最終無法收回，則由代理人員全額代償。

惠民村鎮銀行副行長李川認為，借助這一制度，該行雖然身處縣城，但服務半徑有效推進到農村腹地。

「誰家賣了豬了，誰家兒子外出打工掙錢了，代理人員都很清楚，可以拉來存款。」儘管農民沒有向代理人員提供任何擔保物，但代理人員對當地的農民知根知底，瞭解其真實的貸款用途及風險狀況，並可透過自身的威信、血緣、地緣網絡保證貸款的安全。

而代理人員的積極性也較高，其在本土本鄉內開闢了自己的第二職業，多者一年代理費收入上萬元，且幫助當地農民獲得貸款，又強化了自己在當地的威信。

業界人士認為，惠民村鎮銀行的這一模式有效利用了農村特殊的血緣、地緣關係，破解了抵押擔保難，使農戶的貸款需求轉變為銀行的有效信貸需求，可以有效降低村鎮銀行擴大業務半徑「下鄉」為農民放貸的成本和風險，應該給予鼓勵和積極推廣。

（四）標誌性意義

儀隴惠民村鎮銀行的成立，是改善中國農村金融服務的積極探索，有利於支持社會主義新農村建設，標幟著一個投資多元、種類多樣、涵蓋全面、治理靈活、服務高效的新型農村銀行業金融服務體系正在逐步建立，也標幟著農村金融

在支持社會主義新農村建設中又邁出了新的步伐。它對解決中國廣大農村地區銀行業金融機構網點涵蓋率低、金融供給不足、競爭不充分等問題，必將具有積極而深遠的意義。

第四章　臺灣農業經營管理制度對大陸相關農業政策和制度設計的啟示

第一節　農業制度和政策的設計真正把農民的利益放在首位

　　臺灣以其農業發展成就而驕傲，從農業技術、農會組織、農產品質量、休閒農業到農業經營管理制度。臺灣把對「三農問題」的重視體現在每一個細小的環節和政策措施中，從發放老年農民福利津貼、修正「農民健康保險條例」、發放農漁民子女就學獎助學金、補貼農漁業用油、補貼肥料、辦理農業天然災害、受進口損害救助到強化農產品產銷預警制度，每一項措施都能落到實處。最重要的是，相關農業制度和政策的制定和設計，他們會真正把農民的利益放在首位。如農業金融局的重要任務之一就是負責農業專案貸款政策的制定，他們會根據實際情況的變化對政策進行增補和修訂；在構建農業金融輔導體系方面，他們辦理農業金融訓練班，積極培育優質農業金融人力資源，2009年共舉辦農業金融訓練10項研習班，合計45期，完成培訓2577人，大大提升了農業金融相關人員的專業技能。想要真正解決好「三農問題」，把農民的利益放在首位是制定政策的首要原則，這是臺灣農業發展經驗給我們最大的啟示。

第二節　農民合作組織

一、發展綜合性的農民合作組織，尤其要以金融為紐

帶，大力發展農村金融

　　林寶安教授（2008）認為，「城市銀行、鄉村信用組合」應該實行雙軌金融體制。李昌平教授（2006）也認為臺灣農會成功的最大原因在於它是以金融合作為紐帶的綜合農協。目前，大陸的農民合作組織大多是專業合作經濟組織，也是當前政府扶持的重點，但是農民專業合作社在不斷發展的過程中，除了專業的技術服務、生產、營銷等業務外，對金融、財政、技術培訓等方面也有強烈的需求，尤其是資金不足的問題是影響農業合作組織發展的最大障礙，因此發展以金融為紐帶的綜合性的農民合作組織應該是未來大陸農民合作組織發展的方向。

　　對於綜合性農民合作組織，大陸許多地方也進行了一些有益的嘗試。其中，成立於2006年3月的瑞安農村合作協會是由政府主導成立的全國首家縣市級綜合性農村合作組織。瑞安農村合作協會把瑞安農業合作銀行、供銷合作社和農民專業合作組織等都納入其中，加強三類合作組織的合作、聯合與整合，是致力於為農民提供全方位、多層次綜合性服務的農村新型合作組織。透過創新和完善協會的結構體制設計以及嚴格履行法律程序，瑞安農協在為農民提供全方位服務方面取得了一定的成效，同時也為全國綜合性農民合作組織的發展進行了積極的探索，積累了一定的經驗。但同時也面臨一些問題和挑戰，農協的創始人、瑞安農村合作協會會長陳林認為，「農民主體性，仍然是瑞安農協目前的軟肋。能否完全落實農民的主體性，還是一個疑問」。未來瑞安農協的一個重大挑戰就是如何面對來自專業合作社、供銷社、信用社的既得利益抗拒？如何解決或協調各級政府與部門之間的政策與利益？瑞安農協的組織建構，是否提供足夠的誘因讓條條塊塊願意捐棄本位主義與既得利益？或者是有足夠的強制力道，足以化解來自各方的可能掣肘與抗拒？

　　如何建立不同於城市金融的真正服務於農民的農村金融體系，如何發展真正屬於農民的金融合作組織，是未來農民專業合作組織發展中的兩個關鍵問題。2006年12月20日，銀監會發布了《關於調整放寬農村地區銀行業金融機構准入政策更好支持社會主義新農村建設的若干意見》，在農村開始推動不同於城市的

金融改革試驗，其中包括農村地區的農民和農村小企業也可按照自願原則，發起設立為入股社員服務、實行社員民主管理的社區性信用合作組織。這一改革試驗成功與否的關鍵在於它能否真正成為農民自己的金融組織，真正為農民服務。而從目前的情況來看，全國的新型農村金融機構中，大多數是由花旗、渣打等以及國家開發銀行、農業銀行、建設銀行、交通銀行、民生銀行、浦發銀行等股份制商業銀行設立的村鎮銀行，這些銀行在運行的過程中，存在容易偏離辦行宗旨、資金籌集困難、風險控制難等諸多問題。因此，在不斷完善農村金融體系的基礎上，建立以金融為紐帶的綜合性的農民合作組織還需要進行不斷探索和創新。

二、強調社員或者是成員的共同利益，使農民真正受益

臺灣的農會是一個半官方的非營利組織，其主要任務、成員的構成、組織結構、管理制度和機制等的嚴格規定和科學設置，決定了它能夠有效地運行並達到真正服務農民、使農民受益的目的。大陸的《農民專業合作社法》也規定，「成員以農民為主體；以服務成員為宗旨，謀求全體成員的共同利益。」但是在實際運作過程中，仍然有很多合作社是以龍頭企業為主體的，有很多本來就是一個公司，現在聽說農民經濟組織國家有扶持，把連帶的農戶，結合在一起，換了名字就是合作社，然後爭取國家的扶持，這在公司和農戶之間本質上是一種契約關係，而不是合作關係，所以合作和合約是兩個不同的概念。近期，筆者曾到北京平谷區的一家合作社調研，就是這樣的情況，以企業為主體，農民以土地或資金入股，每年拿固定的收益，但是對合作社的運作沒有任何參與管理的權利。因此，我們建議農民專業合作社在成立註冊時，工商行政管理部門應該嚴格按照《農民專業合作社法》的規定，嚴禁一些企業打擦邊球，真正維護農民的合法權益。

三、多方合力共同推動農民合作組織的發展，關鍵是政

府扮演好自己的角色

　　目前大陸的農民專業合作組織，有的是隨著農業市場化程度的不斷提高，許多農民產生了合作的願望，於是由農民自發組織成立，但是也有很大一部分是在政府的主導下成立發展起來的。那麼，農民合作組織的產生和發展到底應該是順應市場的發展，根據農民的需求來進行，還是應該由政府推動？我們認為，應該是發揮政府、市場、農民以及社會力量幾方面的合力來共同推動。不可否認，農民合作組織的發展與地區經濟發展水平有較高的關係，目前發展的比較好的農民專業合作社基本上都是能夠體現當地具有比較優勢的農業產業，但是東亞小農社會條件下的綜合農協，經驗證明不可能是純粹的民間組織，而是半官方組織（陳林，2006）。因此，市場化程度的高低不是唯一的條件，國際機構的介入，政府推進都有可能推動其發展，關鍵在於政府或者介入的社會力量是否能夠正確地扮演好自己的角色，真正以「服務農民、保障農民權益、提高農民生活水平」為宗旨，真正成為「民辦、民管、民受益」的組織。

　　臺灣的農會屬於半官方的組織，在其所在的地區（鄉鎮）享有區域內的獨占地位，並不存在其他農業團體組織。這就使得農會獨占、集中了區域內所有農業、農村與農民的資源，對於戰後臺灣農會在鄉鎮地方積累政治、經濟與社會影響力關係重大。而大陸的農民合作組織發展相對自由，甚至在一些地方，合作社是由於想要政府財政支持才成立的，短期行為嚴重甚至是「假合作社」。還有些地方則成為體現政府新農村建設政績的表現形式。以四川省為例，稅費改革以後，縣、鄉政府面臨的基本困境是財政窘迫，運行困難，導致政府管理能力削弱，對農民行政管理出現真空化的狀態，所以在農民組織的發展過程中，建立農民合作組織一方面是彌補當前出現的一種行政真空的非常有效的手段，另一個方面則成為體現地方政府政績的非常好的表現形式。

　　四、提高合作組織的穩定性和有效性，增強農民參與合

作組織的積極性

　　農民合作組織要體現農民的主體性,因此如何增強農民參與合作組織的積極性就成為一個核心問題。臺灣的農會組織之所以能夠成功運轉和健康發展,很重要的一點就是它有規範化的組織管理,能夠始終維護其成員的合法權益。目前,大陸的農民合作組織不少是政府主導型的,農民參與的積極性不高,最重要的原因在於組織運作效率不高,農民不能夠真正體會到「民有、民管、民受益」。因此,想要增強農民參與合作組織的積極性,就要讓農民體會到參加合作組織的好處,是農民自己的組織,是真正維護農民權益的,這就要求組織運作的穩定性和有效性,而組織的效率來自於科學的結構設計、合理分工和民主的管理制度。

第三節　農業金融

　　農業的特殊性決定了農業金融不同於一般金融。農村金融風險高、收益低,農民貸款的小額、分散,還款能力弱。尤其在大陸,農民缺乏有效的擔保和抵押物品。農民目前所擁有的住房和土地因為法律等制度原因,都不能作為抵押物品。因此,儘管臺灣的農業金融體制本身還面臨一些考驗,但一些做法還是值得大陸借鑑。主要有以下幾個方面:

一、用法律作為農業金融制度有效運轉的保障

　　臺灣的「農業金融法」是其農業金融有效運轉的重要保障。而目前,大陸的金融法中,除了《中國人民銀行法》、《商業銀行法》、《保險法》、《證券法》之外,幾乎沒有其他金融方面的法律,尤其是在政策性金融領域,立法更是

一片空白。農業發展銀行業務日益萎縮、職能定位尚未明確、社會對這一特殊金融形式還缺乏正確的認識，以及農業發展銀行自身經營中存在的一系列問題和困難都與法律不健全有重要的關係。因此，為確保農業金融的相對獨立性，應加緊制定農業金融法，構建農村金融制度，在規範農業金融機構經營的同時，對農業發展的金融支持以法律形式加以落實。

二、建立獨立於一般金融之外的農業金融體系，確保農業發展所需資金

臺灣的一元化的農業金融體系，確保了農業發展所需資金。而目前，大陸的農村金融市場金融儘管有政策性金融、商業性金融、合作性金融、民間金融以及草根性質的新型金融機構的供給，但政策性金融機構定位不清、分工不明確，商業金融又不可能真正為高度分散的小農提供服務。因此，大陸也需要以法律的形式明確界定農業政策性銀行金融機構、商業性銀行金融機構、政策性非銀行金融機構、商業性非銀行金融機構、合作性金融機構以及草根性金融機構之間的合理分工，並不斷完善農業金融體系，包括保險、擔保等機構的同步發展，建立起相對獨立於一般金融的農業金融體系，使其能夠真正為「三農」服務，促進農村經濟社會發展。

三、基層農業金融機構角色定位：真正解決農戶問題而非僅扮演金融中介角色

從臺灣農漁會信用部的發展我們可以看到，如何能夠貼近農民的生產和生活實際，他們做了很多細緻的工作，其中一個重要的經驗是：基層農業金融機構的角色定位絕不僅僅是扮演金融中介，而是要真正解決農戶的問題。

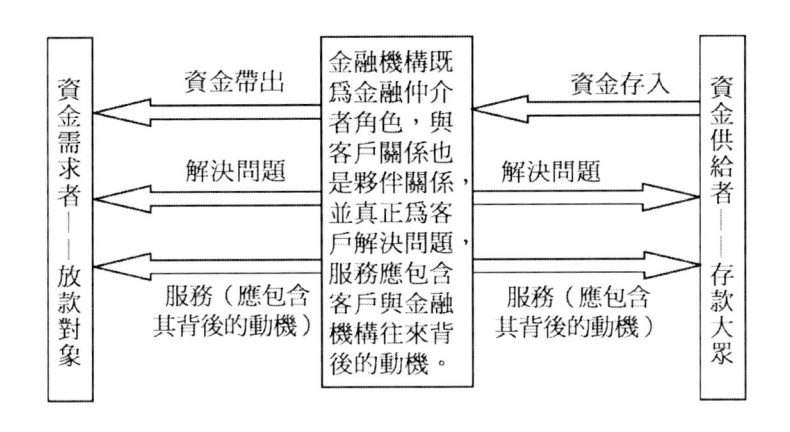

```
┌─────────┐  資金帶出  ┌──────────┐  資金存入  ┌─────────┐
│ 資金需求者 │ ←────── │金融機構既為 │ ←────── │ 資金供給者 │
│         │          │金融仲介者角 │          │         │
│    ─    │  解決問題  │色，與客戶關 │  解決問題  │    ─    │
│ 放款對象 │ ←────── │係也是夥伴關 │ ──────→ │ 存款大眾 │
│         │          │係，並真正為 │          │         │
│         │服務(應包含 │客戶解決問題，│服務(應包含│         │
│         │其背後的動機)│服務應包含客 │其背後的動機)│        │
│         │ ←────── │戶與金融機構 │ ──────→ │         │
│         │          │往來背後的動機│          │         │
└─────────┘          └──────────┘          └─────────┘
```

圖4-1　金融機構角色功能的新定位

資料來源：黃泉興，地方農會服務功能運作之模式分析，淡江大學管理科學研究所博士班博士論文，2008.1，P29。

從圖4-1可以看出，農業金融機構的新定位是指，相關金融機構除了中介角色之外，應該利用金融機構龐大的資源和有利條件，真正扮演客戶問題解決者的角色，也就是說，金融機構的服務範圍應包含客戶存放款背後的動機。這是比純金融中介更深層次的角色，其重要性往往先於金融中介角色的扮演。事實上，如果能透過解決客戶問題，強化客戶的依賴，金融機構在扮演長期的中介角色外，也能建構與農戶穩定的關係，最終有助於農業金融機構長期穩定的業務推展與利潤獲得。

農業是弱勢產業，「三農」問題一直是政府非常關注的問題。農業金融如何與一般金融區別開來，真正深入農業、農村、農民，切實解決「三農」發展中資金不足的問題？很重要的一點就是要深入農民生產經營過程中所面臨的實際問題，提出相應的思考和應對措施，設計出符合農業生產經營特點的金融產品和業務，構建與農民穩定長久的關係。要實現這樣的目標，農業金融機構需要瞭解農業的生產經營流程以及這一過程中資金的需求和運轉情況，並真正參與到各個環節中去。

農業金融不僅要充當中介的角色，而更應該發揮農業金融機構的優勢，提供

不同於一般金融機構的差異化產品和服務。如引進「會員金融」概念，建立專門的客戶系統，並錄入詳細的資料，並對這些資料進行分析，構建農作物類別、區域類別等服務體系。這種差異化的服務，一方面能夠不斷穩固農民與農業金融機構往來的意願，增強農民的忠誠度和向心力，同時也能改善農業金融機構的獲利能力和經營效率，真正實現服務「三農」的社會責任。

對於政府來說，如果真正想讓農業金融機構有這樣的動機和動力，則可以把「真正幫助農民解決生產經營問題」作為金融機構申請新業務、開設新分行等的考核指標，促進農業金融機構積極承擔社會責任。

四、建立農業信用保證基金是解決農民缺乏有效的擔保和抵押物品問題的有效途徑

臺灣的農業信用保證基金從1983年9月成立至今已經近28年，其成立主要為擔保能力不足的農漁民及農漁業者提供信用保證，協助其順利從金融機構貸得所需資金，改善了農漁業經營，提高了農漁民及農漁業者的收益，同時還促進了農業金融機構開展農業貸款業務，另外還協助政府推行相關農業發展計劃，提高了政府農業政策推行績效，真可謂「一舉三得」。目前，缺乏有效的擔保和抵押物品是大陸農村金融發展和改革中面臨的一個大問題，在這種情況下，如能成立農業信用保證基金將在很大程度上解決這一難題。當然，大陸目前農村的信用水平還比較低，但可以在經濟比較發達的地區先進行試點，探索適合大陸實際情況的模式，促進農村金融制度的進一步完善和發展。

第五章　兩岸農業合作模式創新

第一節　合作前景

隨著兩岸經貿關係的不斷改善，農業合作前景日漸廣闊。主要表現在以下幾個方面：

一、客觀基礎

大陸在臺灣農產品對外貿易中扮演越來越重要的角色。1999年，大陸首次進入臺灣農產品的前十大出口市場（位居第十名），且其名次呈逐年上升的趨勢。2004年，大陸已晉升為臺灣農產品十大出口市場的第四名，僅次於臺灣農產品傳統的三大出口市場：日本、香港與美國。而2006～2010年，中國大陸已穩居臺灣農產品出口市場的前五強（如表1-5所示）。農產品貿易量的增加為兩岸加強農業其他領域的合作創造了堅實的客觀基礎。

二、主觀條件

兩岸農業雙向交流逐步增多，為擴展兩岸交流的空間創造了良好的主觀條件。從2009年11月江蘇省委書記梁保華開始，大陸多個省（市）一把手陸續率

團訪臺，農業的交流與合作是其中重要的組成部分。湖北省委書記羅清泉親自走訪當地農戶，山東將加大對臺灣工農產品採購力度，浙江省省長呂祖善訪臺期間，浙臺農業合作達成多項成果，浙江省新農村建設促進會與臺灣海峽兩岸農業協會簽訂了《高級農民培訓合作意向書》，義烏國際森林產品博覽會組委會與南投縣農會簽訂了《南投縣森林產品赴義烏森博會展示展銷合作協議》，浙江省茶葉公司與南投縣農會簽訂了《茶葉產銷合作協議》。民進黨籍臺南縣長蘇煥智於2010年6月15日至23日率團到北京、上海等地推銷臺南芒果，舉辦推廣活動。

三、實踐經驗

兩岸農業基層組織間合作的實踐將對深化和創新兩岸農業合作奠定更加深厚的民意基礎和積累操作性強的實際經驗。

2009年7月，在上海舉辦的首屆「兩岸鄉村座談——大交流背景下兩岸基層農業交流與合作」活動中，兩岸60個鄉村結成30個幫扶合作對子。結成幫扶合作對子的鄉村將依據各自特點，開展更有針對性、更深入的交流與合作。臺灣省農會總幹事張永成宣讀了五點共同建議：構築兩岸基層鄉村定期對話交流平臺；建立日常協調溝通工作機構；切實維護和發展兩岸農民利益；加強兩岸農業傳統文化交流；促進兩岸鄉村「結對子」。會議還把兩岸豐富多彩的民俗、藝術、文體等鄉土文化列入了農業交流的內容。

2010年6月，浙江省省長呂祖善訪臺期間，來自浙江五個村長與高雄縣燕巢、大樹、六龜鄉五個村長，討論兩岸農業產銷現況；呂祖善省長表示，這是交流第一步，將來要建立長期合作機制，從五個村長增加到五十個、五百個，讓兩岸農業合作更牢固。

以「兩岸鄉鎮攜手掘金」為主題的兩岸鄉鎮市區長百人活動於5月14日至15日在江蘇省江陰市舉行，此次活動有來自海峽兩岸的鄉鎮市區長及基層幹部200餘人參加。活動期間，兩岸鄉鎮市區長及基層幹部參訪了徐霞客鎮、青陽鎮和華

西村，圍繞鄉鎮社區管理、農業開發推廣以及農業組織的經營管理模式等進行廣泛交流，並就未來兩岸鄉鎮社區合作、共同發展進行了座談研討，不僅增進了相互間的瞭解和情誼，而且取得了實質性的初步成果。來自兩岸的10名鄉鎮市區長先後在會上發言，交流心得。他們認為，兩岸鄉鎮交流是兩岸基層間的交流，來得深入、來得紮實，構想非常好。兩岸基層在發展經濟、建設家園的過程中，積累了許多好經驗。這些經驗是兩岸同胞共同的財富，值得很好地總結、分享。同時，在新的形勢下，兩岸同胞也面臨著如何抓住機遇、加快發展的問題。兩岸縣市鄉鎮在經濟發展、市政建設方面，遇到許多相同或類似的問題，這就需要分享經驗，交流觀念，探討規律，相互借鑑，找尋合作發展的途徑。兩岸鄉鎮完全可以攜手合作，共同抓住機遇、迎接挑戰，共創兩岸未來更加美好的生活。

我們相信，透過兩岸農業基層組織之間的合作，將進一步深化兩岸農業合作，共同提升兩岸農業的競爭力，提高農民的福祉。

第二節　合作的宗旨和原則

兩岸農業雖然處於農業發展的不同階段，但都是小農經濟。因此，無論是馬英九上臺後積極倡導的「小地主大佃農」的政策，還是大陸各級政府為解決的「三農問題」而採取的各種措施，如實施土地流轉、頒布《農民專業合作社法》等，最終的目的都是相同的，那就是提高農業生產力，維護農民的利益，提高農民的生活水平。因此，兩岸農民有共同的處境、共同的需求，同時也面臨共同的挑戰，這也使得兩岸農業合作具備了最基本的前提。在此基礎上，雙方如果能遵循「技術互惠、產業互利、貿易互補，避免惡性競爭」的原則，透過對兩岸農業進行合理的分工，優勢互補，共同開拓兩岸和國際市場，使兩岸的農業有更好的發展前景，兩岸的農民過上更幸福的生活。如何改進、提高兩岸農業合作的水平，我們認為應該做好以下幾方面的工作：

一、合作主體回歸到兩岸農民，避免被商人操作

目前兩岸農業合作，應該說有了一定的基礎，但合作的主體雙方都不是農民，只有真正讓農民到位才可能使兩岸農業合作有序、可持續地得到發展。所謂讓農民到位並非指一切都由兩岸農民去操作，否定政府和相關農業組織在技術、通路、管理等各個環節的作用，而是指要讓兩岸農民直接參與交流合作，並成為利益的主要受益者。這應該成為兩岸農業合作的主要目標和當前要共同努力解決的根本問題。農業是農民賴以生存的產業，提高和改善農民生活是兩岸共同的願望，從這個意義上說，兩岸農業合作不能只有商人獲大利，而農民只是個生產者，僅靠他們力所能及地提供初級產品獲小利或微利，要改變這種狀況，可以考慮讓臺灣農民把所掌握的技術透過正常渠道直接轉讓給大陸農民並獲得相應的「權利金」，而大陸農民可以透過轉讓得到的技術增加利益（這種技術有多大價值大陸農民可以自行判斷）。兩岸農業合作試驗區可以扮演試驗和輻射的功能，使促進大陸農業發展和提高農民收入成為試驗區一個必盡的職責，這種機制應該盡快形成。目前，對臺灣農民創業園建設目標已經有了一個全新定位：臺灣農民創業園的發展和規劃應該與大陸的新農村建設結合起來，最終把農民創業園建設成為「兩岸現代農業示範區、新農村建設先行區、農業新品種新技術試驗區、新型專業農民培育區」，這就是一個很好的開始。有了正確的指導方向，相關地方各級政府應該採取更加務實的措施，多替有意前往大陸投資的臺商、臺農著想，排除各種投資障礙，降低其農業項目投資風險，如推行農業保險制度、建立農村訊息服務體系、協助臺灣農產品進入大陸市場等；同時逐步形成技術推廣服務體系，幫助周邊農民掌握新技術，指導建立新的農業經營模式，樹立市場觀念，尊重知識產權；另外，從臺灣進入大陸的農產品應該儘量減少中間環節，降低銷售成本，由農民獲得更多的實際利益。透過這些方面的努力，為促成兩岸農業合作創造良好的環境。目前，有些地區已經採取了一些相關的政策措施為臺商、臺農服務。如2009年5月，福建省透過大陸首個對臺農業合作地方性法規，明確賦予臺灣同胞同等待遇，並對臺胞融資、用地等問題做出規定。

二、建立以市場為導向的產業合作模式

臺灣在一些農產品（如花卉、水果等）技術的研發與傳播、農業金融制度、農業推廣體系、土地經營方式、農產運銷制度、農業社會化服務等方面有一定的優勢，但是臺灣農業發展以內銷為主，對島外市場重視不夠、開發不足。雖然近年來臺灣所產優質農產品海外促銷已略有績效，但也凸顯臺灣農產品海外營銷面臨的諸多問題，如欠缺對大陸水果市場及銷售通路的瞭解，更缺乏以外銷為導向的穩定供貨結構等。因此，兩岸應該建立以市場為導向的產業合作模式，以市場潛力大、消費水平不斷提高的大陸市場為依託，充分發揮各自的比較優勢，儘量避免兩岸農業因生產結構相同、貿易結構相似、國外市場相近所導致的惡性競爭，共同拓展世界農產品市場。

三、進一步拓展兩岸農業合作的空間

兩岸農業技術交流在範圍、規模上都取得了非常大的進展，包括種植業產品、養殖業產品、畜產品、水產品等農業技術本身，還包括一些設施建設等等。但是合作的深度還不夠，尤其是在一些關鍵的技術和品種的引進上，還沒有建立一個正常的制度化渠道。未來兩岸農業技術的交流除了在已有的基礎上繼續深化之外，還應該包含農業管理、農田管理。

臺灣的農民本身不掌握資金、技術、市場，主要依靠農會形式的群眾組織幫助農民進行農業活動，臺灣的農會制度運作已經非常成熟，農業生產指導、農業技術推廣、農業生產資料的供應、農產品供銷渠道以及所需資金的運作，全部由農會來組織和執行。在這方面也應該加大和大陸開展合作的力度。

因此，推動兩岸農業基層合作組織之間的交流與合作也是未來兩岸農業合作的重要方向之一。兩岸農業的交流與合作已經開始進入了一個新的階段。

四、充分利用臺灣的農業技術，但要保護臺灣的知識產權

近半世紀來，臺灣在農業科技的發展上已創造了許多世界典範的例子，諸如高接梨、冬季葡萄及蓮霧、香蕉與蝴蝶蘭組織培養、熱帶水果產期調節的應用、白毛鴨、三品種雜交豬的培育、魚蝦類人工繁殖、近海箱網養殖技術等，特別是生物科技的演進，對農業發展產生了深遠的影響。主要成果包括品種改良、動植物病蟲害防治、生產及管理技術的改進、農業生物技術研究的開發與應用等方面。因此，大陸應該透過兩岸農業合作，充分利用臺灣先進的農業技術，加強與臺灣農業科技發展中重點領域、優勢農業科技、作物種源及微生物資源以及農產品質量安全技術等方面的合作。

在引進臺灣先進農業技術的同時，最關鍵的一個問題就是要切實保護好臺灣方面在相關技術上的知識產權。由於臺灣一直堅持不開放農業向大陸投資的政策，迫使臺灣一部分有意願到大陸投資農業的企業和個人將投資活動轉入「地下」。據瞭解，有的夾帶種子到大陸播種，有的將果樹苗、枝「偷運」到大陸，有的還將在大陸生產的茶葉等農產品透過「特殊」管道返銷到臺灣，並以臺灣高山茶、洞頂烏龍的品牌出售。這些行為嚴重侵害了臺灣農民的利益，挫傷了臺灣研究人員的積極性，大陸政府已經注意到這種情況並在加強這方面的工作，2006年，國家工商行政管理總局頒布的工商公字〔2006〕第172號《關於制止和查處假冒臺灣水果行為的通知》和工商標字〔2006〕第202號《關於加大臺灣農產品商標權保護力度促進兩岸農業合作的實施意見》兩個相關文件的頒布就是一個明證。2010年6月29日第五次「陳江會」《兩岸知識產權保護合作協議》的簽訂也進一步完善了兩岸農業技術交流的法律環境。未來，大陸應該在實際工作中繼續加大執法力度，完善相關法律，特別是盡快完成兩岸農業智慧財產權的談判。

五、改變「單打獨鬥」的局面，整合資源，共同研究合作發展的願景

目前，兩岸的農業合作還基本處於臺商、臺農「單打獨鬥」的局面，一方面，臺灣在大陸的農業投資大多是獨資的法人形態；另一方面，由於兩岸農產品品種相同、貿易結構相似而在農產品市場上競爭激烈，甚至相互殺價。面對這一問題，兩岸應該坐下來理性地交流，實現兩岸農業交流和合作正常化，在此基礎上逐步整合資源，共同研究合作發展的願景，將大陸的農業資源、勞動力、科學研究成果、廣闊的市場與臺灣的資金、技術、管理、農產品運銷經驗等優勢有機結合起來，攜手走向國際市場，體現真正的合作，並最終實現雙方共同利益。

兩岸農業合作涉及兩岸農民的切身利益，特別在臺灣，由於島內特殊政治環境的影響，兩岸農業合作的宗旨和原則已經被扭曲。因此，原本屬於經濟問題的農業反倒成了最為敏感的政治議題。雖然兩岸深入、全面的農業合作不是短時間內可以實現的，但隨著兩岸經濟關係的逐步正常化，如ECFA的簽訂，兩岸經濟合作委員會的成立都標幟著兩岸特色經濟合作機制正在逐步形成，兩岸農業合作的進一步發展迎來了新的契機。

第三節　合作模式創新

一、制度創新

如何不斷深化兩岸的農業交流與合作，提高合作的水平？首先是要在現有一系列制度創新的基礎上，經過兩岸相互協商不斷實現和完善制度創新。包括：（1）政策制度的創新，堅持互利開放的原則，保護知識產權和投資者利益，放寬限制，建立兩岸農業交流的正常秩序，為雙向農業投資創造良好的環境，充分發揮「試驗區」、「創業園」等現有平臺的作用，分清不同功能，完善相關制度，並使其產生保障、鼓勵、支持的積極作用；（2）組織機制的創新。建立兩岸農業不同部門之間的合作渠道，形成不同區域性的專業化合作生產，有產、學、研共同開發，集產品展示、技術推廣的農業合作基地，同時，建立兩岸推進

農業合作協調委員會，共同謀劃合作大計；（3）運作機制的創新，建立兩岸農產品標準和檢疫制度、農產品貿易市場准入制度與兩岸農產品市場調節機制，實現兩岸農產品貿易的正常化；（4）經營模式的創新。共同建立物流體系，開拓多種形式的經營模式，如大賣場、超市、便利店等。同時適應兩岸觀光旅遊市場的需要，互相建立具有地方特色的農產品及產品加工的展銷店。

二、新模式

要不斷探索合作新模式。「新」要體現在使兩岸農業真正「合」在一起，表現為在農業種養生產及相應的服務體系中，研發、加工、銷售、教育培訓、金融保險以及相關的觀光旅遊、休閒養生等農業產業鏈各個環節的合作。大陸可以利用臺灣農業在農產品加工、通路、經營模式、技術、教育培訓等環節的優勢，採用以下的合作模式：（1）訂單農業（臺灣農產品加工企業＋大陸農民）；（2）通路農業（臺灣掌握通路的經營者＋大陸農民）；（3）大規模農場式經濟（由臺灣農民經營某品種農產品，如花卉、茶葉、甜柿等，自營自銷，大陸農民提供土地、勞動力等資源）；（4）農產品合作社農業（類似於臺灣的「青果運銷合作社」、「雞蛋運銷合作社」，任用具有在臺灣農會工作經驗的人進行指導）；（5）農業推廣委員會（由臺灣具有專業技能和經驗的人員組成，對大陸縣、鄉的農業技術合作研發、農業技術培訓和推廣等工作進行指導）（6）「異地農業」的模式（臺灣接單＋大陸生產）。另外，在農村金融和農業保險的運作制度，大陸也可以借鑑臺灣的經驗，保障農民的利益，促進農業的發展。如果臺灣開放大陸投資臺灣農業，則雙方合作的渠道、內容肯定會更加豐富。可以設想，兩岸在現有的基礎上加強分工合作，臺灣以技術研發和完善的服務體系優勢成為兩岸共同的「試驗農業」，而大陸成為兩岸共同化市場，並在共同規劃的基礎上打造成一個具有國際競爭力的農業經濟區。

三、案例

大陸農民專業合作社的發展如何借鑑臺灣農會等組織發展的成功經驗，以什麼樣的模式促進和加強兩岸農民合作組織之間的合作，是目前兩岸農業合作中的重要課題，在大陸一些地區已經有具體的實踐。

（一）重慶模式——農業推廣委員會

2009年底在重慶成立的農業推廣委員會，由臺灣部分有農會工作經驗的農業專家和有興趣投資農業的臺商組成，隸屬於重慶市臺商協會，他們試圖把臺灣農會的一些運作的經驗和模式引入重慶，這種模式在兩岸農業合作中屬首次嘗試，我們稱其為「重慶模式」。其主要任務是銜接有意到大陸投資農業的臺灣農民、投資者與大陸政府；有固定的辦公機構和場所。目前所做的主要工作是：（1）根據中央和重慶市的政策，到各區縣收集資料、瞭解需求，與臺灣各機構（農會、研究機構）對接；（2）瞭解各區縣農業發展規劃，發現其中的空白。重慶40個區縣，目前調研了30%，主要調研三個方面：一是政府的特色、思維；二是政府服務的硬體、軟體建設；三是當地的產業特色；（3）從全國其他地區成功的臺灣農業投資者那裡取經，借鑑他們的成功經驗並引進，如臺商在昆明的鮮花種植經營就比較成功，目前占了昆明鮮花市場的43%。

農業推廣委員會的組織者認為兩岸農業合作的模式應該是「與當地政府、農民合作，透過政府與農民合作」。透過這種模式的運作，可以做到：第一，提高農產品的技術含量；第二，他們負責研發並做推廣，並全程培訓、輔導農民，但要透過政府面對農民；第三，臺商負責產品的銷售，農民不用擔心市場。

（二）長泰實驗——福建省長泰縣錦信青果專業合作社

福建省長泰縣錦信青果專業合作社是借鑑臺灣農業產銷班運作模式的一個成功案例，被稱為「長泰實驗」。該實驗的發起人是臺灣高雄縣大樹鄉玉荷苞荔枝產銷班班長許新宗和長泰縣的流通大戶唐錦江，2001年5月，許新宗和唐錦江等23個產銷大戶組建了「長泰縣青果產銷班」，借鑑臺灣的「產銷班」運作模

式，即入班農戶使用同一品牌、同一生產技術、同一銷售體系等，發動周邊農戶一起種芭樂，很快便發展壯大起來，但由於缺乏約束監督，尚處於成長期的「產銷班」經歷瞭解體的挫折，班裡的成員體會了沒有組織的風險。2002年5月，「產銷班」重新成立，並在組織、管理機制上不斷完善，更加嚴謹、細緻，2004年4月，申請註冊為「長泰縣錦信青果產銷合作社」。由於組織運作有序、高效，合作社先後被農業部列為「全國百家農民專業合作經濟組織試點單位」，被評為「全國50家農民專業合作組織先進單位」。2008年6月，合作社依照《農民專業合作社法》，把原來合夥企業變更為農民專業合作社，更名為「長泰縣錦信青果專業合作社」。

　　無論是「重慶模式」的初步嘗試還是「長泰實驗」的成功，都表明臺灣農民合作組織的運作模式、管理經驗、人才都可以成為大陸農民合作組織發展的有益借鑑，兩岸農業合作有很大的發展空間。

第六章　對兩岸農業合作的深層思考

2010年12月到2011年1月，作者赴臺灣進行了為期一個月的調研，期間有機會拜訪了臺灣農業金融相關機構以及農業界的一些專家、學者，也接觸到了基層農會、產銷班的農民朋友，對臺灣農業發展現狀、農業金融的發展歷程、農會、產銷班的運作等情況進行了實地調研和瞭解。在與各位專家、學者以及農民朋友進行溝通和交流的過程中，儘管「兩岸農業合作」是個比較敏感的話題，他們還是談了各自的一些真實想法。本章將對這些訪談的內容進行整理和總結，就兩岸農業合作提出一些深層次的思考。

第一節　目前的兩岸農業合作為什麼只是一廂情願

2008年馬英九上臺之後，六次「陳江會」的舉行，ECFA的簽訂以及兩岸經濟合作委員會的成立，取得了一系列的實質性成果，兩岸經濟往來不斷正常化、制度化，但是農業議題卻一直是「禁區」，目前看來兩岸農業合作似乎只是大陸的一廂情願。在臺灣學者看來，主要有四方面的原因：

第一，政治考量。眾所周知，臺灣害怕大陸有「統戰」的目的。事實上，臺灣農業產值只占GDP的1.55%（2009年），對臺灣經濟發展的影響並不大，而臺灣農民占臺灣總人口的12.9%（2009年），農業發展和穩定農民民心的政治意義遠大於經濟意義，尤其是在兩岸關係上。有學者就直言不諱地講到關於農產品（農業）的三重意義，他認為農產品首先是政治商品，其次是糧食商品，要保證糧食自給率，第三才是市場商品，要提高其競爭力。目前，臺灣的糧食自給率只

有30%多，其中稻米的儲備可以供應臺灣全體民眾3個月，並在這3個月中生產出稻米，但玉米作為最重要的飼料作物，卻完全做不到，他們認為過低的糧食自給率有潛在的風險。因此，對於臺灣來說，首先要保證其作為政治商品和糧食商品的功能，最後才會考慮其市場商品的功能。也有學者認為，大陸願意與臺灣談農業合作，提出一些諸如「臺灣的技術、管理、通路、組織＋大陸的土地、勞動力」的合作模式，其實完全是出於政治的考慮，因為臺灣農業的成功經驗並不是唯一的，韓國、日本也很成功，大陸同樣可以向他們學習，與他們合作。為什麼單挑臺灣呢？因此，從政治上考慮，臺灣目前與大陸進行農業合作的意願不強。

第二，農民問題。對於臺灣來說，能夠維護農民的利益是進行兩岸農業合作的一個重要前提。儘管臺灣農業面臨老農、休耕、農業競爭力降低等一系列的問題，但農民的收入足以維持他們的生活，並且有較完善的社會保障。65歲以上的老人每月有6000臺幣的老年津貼，還有休耕補貼，加上農民健康保險，使得臺灣農民的生活基本沒有後顧之憂。日常的農業生產、農產品銷售、農業技術、農業貸款等問題都有農會幫他們解決。也就是說目前政府能夠比較好地解決近300萬農民的問題，維護他們的各種權益。因此，農民赴大陸投資的意願不高。

對於兩岸農業合作，不少學者提到一個最重要的問題是大陸農產品對臺灣市場造成了不小的衝擊，損害了臺灣農民的利益。臺灣的農業屬於小農經營，水果、花卉、茶葉等是中南部農民農業收入的重要來源，但同時臺灣的農產品生產大多是小規模的，生產成本高，沒有價格競爭力，只能以質取勝。儘管目前臺灣並沒有向大陸擴大開放農產品市場，但臺灣的很多農產品種植技術和新品種被商人偷偷帶到大陸，一開始生產出的產品可能不如臺灣，但經過不斷摸索、改良，品質越來越好，使得臺灣農產品漸漸地在品質上也失去了競爭力，大陸搶佔了臺灣農產品的不少國際市場份額。據估計，臺灣水果目前在中國大陸市場有競爭力的，已從十年前的七八種，剩下現在的兩三種。事實上部分大陸水果（如荔枝）已開始在海外市場取代臺灣水果（陸雲，2010）。同時海南、廣東、福建等地生產的臺灣水果、花卉、茶葉等透過第三地（如印度、菲律賓、越南等）回銷到臺灣，對島內相關農產品市場也造成了一定的衝擊。因此，從維護當前農民利益考慮，臺灣不考慮擴大開放大陸農產品進口，以此來遏制這種衝擊的勢頭。

第三，經濟考量。撇開政治不談，兩岸農業合作對臺灣有什麼好處呢？二十多年來，兩岸農業合作的形式主要是農產品貿易和臺灣對大陸農業投資，在農產品不對大陸擴大開放的條件下，農產品貿易一直是巨額逆差，如果擴大開放，後果可想而知。農業投資則表現出單向性、自發性等特點，臺灣的很多種植技術和品種被商人偷偷帶到大陸，智慧財產權沒有得到任何保護。因此專家、學者對兩岸農業合作成果的評價是：「好像沒得到什麼，倒是失去了很多。」對於臺灣農民、農業組織到大陸投資農業的問題，有學者談到，雖然臺灣不願意談農業的議題，但是並沒有不同意基層農業組織（如農會）到大陸進行農業投資或者與大陸進行農業合作，只要走正常的程序，都沒有問題，只是農會沒有太大的意願，因為他們不敢保證與大陸進行農業合作、到大陸投資可以獲益。對於農民個人到大陸投資創業，透過對一些專家、學者的訪談以及與農民的溝通，在他們的印象中，單打獨鬥到大陸投資創業的臺灣農民大部分都是失敗而歸。因此，想要短時間內消除他們心中對大陸負面的陰影，似乎並不是一件容易的事。

第四，心理因素。兩岸農業雖然都屬於小農經營，但處於不同的發展階段，大陸農業的整體發展水平要落後於臺灣。因此，正像臺灣人不喜歡或者不同意大陸的「讓利說」，他們認為自己發展的比大陸好，很多方面都超過大陸，大陸是弱勢的一方，以前都是他們在幫助大陸，現在情況變了，心理上好像有點不能接受。農業的合作也是這樣。成立於1995年的財團法人農村發展基金會是一個公益性質的團體，基金會以臺灣農業發展經驗，積極促進國際農業交流並協助島內外地區推動農村及農業發展。他們曾經幫助過不少大陸貧困、落後地區的農民進行農業技術改良，取得了不錯的效果，如福建永春的柑橘種植。近幾年，類似的項目和計劃少很多，一方面由於受到兩岸情勢變化的影響，另一方面他們認為這些年大陸經濟發展很快，農民收入水平也有很大的提高，好像不需要他們幫忙了。他們認為，臺灣方面可以透過技術指導、品種改良等比較直接有效的方式幫助大陸貧困地區的農民脫貧致富，但是想要透過兩岸農業合作來解決臺灣農業問題沒有太多操作的空間。

第二節　透過兩岸農業合作，臺灣能得到什麼

　　既然我們講的是兩岸農業的「合作」，那就應該是互利雙贏的。而過去二十多年的農業合作，臺灣方面似乎沒有收益只有損失，這是他們不願進行農業合作的一個重要原因。因此，在與專家、學者交流探討的過程中，也向他們請教了一個問題，「臺灣希望透過兩岸農業合作得到什麼？」比較一致的看法是：「希望可以和大陸共同開拓更大的農產品市場，前提是臺灣不擴大開放大陸的農產品進入臺灣市場。」顯然，更大的農產品市場意味著能增加農產品的銷量，而農產品的銷量增加就能在一定程度上解決臺灣農業衰退、土地休耕等問題。那麼，透過兩岸農業合作能實現他們的願望嗎？目前看來並不容易。首先，國際農產品市場本來就是全球貿易自由化進展相對滯後的一個市場，世界各國政府給予的保護程度普遍高於其他市場。進入21世紀以來，各國對檢驗檢疫、食品反恐、農產品身分認證、知識產權、食品標籤等非關稅壁壘的運用有增無減。其次，大陸國內農產品市場本身還存在市場體系不完善、市場訊息不暢通、農產品質量不高、市場運行主體組織化程度不高等問題；在國際市場上有競爭力的農產品並不多，加入WTO後還面臨較大的農產品進口壓力。第三，現實的情況是，無論國際市場還是國內市場，水果、花卉以及茶葉等農產品大陸和臺灣是處於競爭的態勢。因此，本來農產品市場空間就很有限，想要擴大談何容易。既然很難得到自己想要的，臺灣方面不願意合作也就在情理之中。

　　談到兩岸農業合作如何讓臺灣農民獲利的問題，對一位學者的回答印象很深，她說：「開放自由行後，大陸朋友來臺灣觀光，多到農場、休閒農業觀光園區看看，多吃臺灣水果，再郵購一些回去，就是對臺灣農民最直接的幫助。」她顯然是以開玩笑的方式否定了兩岸合作的必要性，其實她說的話值得我們深思，與大陸相比，臺灣農民數量、農業規模都很小，要真正讓農民獲利，不能光憑大陸一廂情願，而要面對現實，認真總結二十多年來兩岸農業合作究竟對臺灣農業、農民和農村發展帶來了什麼好處，以此為出發點，實事求是地合理規劃，不能被暫時的經濟利益所牽制，要尋找合適的合作途徑和模式，而這不僅是兩岸農

業合作的關鍵問題之一，也不僅是涉及到兩岸農業交流與合作是否能得以可持續發展的問題，而從本質上是能否爭取到臺灣農民的心的大問題，是從對臺工作的大政方針上思考的問題。

第三節　兩岸農業合作的困難與問題

2006年以來，農業部會同國臺辦先後在大陸9個省份設立了9個海峽兩岸農業試驗區，同時在12個省份設立了25個臺灣農民創業園，成為了兩岸農業合作的重要平臺。據不完全統計，截至2008年年底，投資大陸的臺資農業企業已有5900餘家，投資大陸的農業臺資達到69億美元，進入各試驗區和創業園的臺資農業企業4800多家，試驗區和創業園實際利用臺資55億美元，占臺灣投資大陸農業實際金額的79%。兩岸農業合作取得了一定的成績，但是在與臺灣農業專家、學者交流的過程中，瞭解到他們對於兩岸農業交流與合作有一些不同的看法。主要有以下幾個方面：

第一，合作目標及成效。專家、學者普遍認為，兩岸農業合作試驗區和臺灣農民創業園的建立的最終目標應該是讓兩岸農民獲益，但從目前的情況看，我們不知道對大陸當地農民帶來多大好處，但對臺灣農民來說，沒有太大成效，因為基本都是商人去投資的，沒有真正惠及臺灣農民。

第二，合作主體及其意願。兩岸農業合作的主體應該是農民、基層農業組織和農業企業。其中，農民單打獨鬥到大陸投資，面臨很多困難，主要有以下幾個方面：（1）資金來源。透過農地貸款得到的資金很有限，而且還有利息的壓力；（2）壓力大。前期投入高，加上生活費用，還面臨失敗的風險；（3）來自家庭的強烈反對。農民獨自到大陸投資創業，可能會影響到其正常的家庭生活。而且從目前的情況看，農民到大陸投資失敗的比例比較高，這些失敗的案例在很大程度上影響了臺灣農民到大陸投資的信心。臺灣農會是最具活力的農民團體和綜合性的農業合作組織，屬於法人實體，有權利自己決定是否和大陸進行合

作，臺灣是沒法干預的。但是目前他們的合作意願也不是很高，因為一方面要考慮行政機關的態度，另一方面擔心權益不能得到有效保障，這也是他們最擔心的。三重市農會總幹事告訴作者有農會在大陸設立農產品銷售中心，一開始產品銷路很好，但很快就會被仿冒，最後導致他們的農產品失去市場。對於企業，由於缺乏比較利益及農業投資回收期長等因素，再加上農業貸款沒有保障，農業投資不是他們的最愛。因此對於那些半路出家的非農企業投資農業，一位專家提出了他的擔憂，他認為那些原來從事房地產的臺商願意轉行投資農業，其實根本不是真正想從事農業，而是想圈地。這個問題確實值得大陸的相關部門注意。從以上分析可以看出，農民、農會投資合作意願不高，願意投資的企業又有動機不純的嫌疑，這是兩岸農業合作中面臨的一個大的潛在風險。

　　第三，合作平臺建設。兩岸農業合作試驗區、臺灣農民創業園作為推動兩岸農業合作的主要平臺，對於其設立和發展，專家、學者們就他們的親身經歷提出了自己的一些看法。首先，不少園區並沒有根據實際情況進行詳細的規劃和可行性分析。如有的園區建蓋的溫室，其條件根本不滿足臺灣花卉的栽培種植需要。其次，雖然每個園區都有稅收、土地租金等優惠條件，但是由於農業的特殊性，生產週期長，尤其是利潤高的水果，要4～5年才能開始收穫，資金是個大問題。再次，即使農民願意去大陸投資，園區除了給予一些優惠條件之外，軟體方面的建設嚴重缺失，農民在生產、市場、技術、運銷等方面遇到問題幾乎無處尋求幫助，而這在臺灣是農會幫助解決的事。關於臺灣農民創業園的設立和發展，一位教授的觀點值得大陸相關決策部門思考，他認為：「這些園區如果以吸引臺灣農民投資創業為目標，已經錯過了最佳時機，要是再早十年會好很多。因為目前臺灣農業在從傳統農業（經驗的應用）向現代農業（科學的應用）和知識農業（知識的應用）轉型，早些年到大陸投資創業的農民多是借助於傳統農業中對種植、栽培經驗的應用，他們的成功更多是源於市場成熟、自然條件適宜。」古坑鄉農會一位股長講的一件事似乎也印證了那位教授的說法，他說，大陸某地園區提供很好的條件，包括土地租金、稅收減免、基礎設施、園藝設施等都很齊全，但是幾次到他們農會洽談合作事宜，都沒有成功，主要源於資金無保障、市場不確定、氣候等自然條件不適宜等幾方面的因素。因此，對於合作平臺的建設，僅

限於盲目投資硬件設施是遠遠不夠的。

第四，保障措施的制定和執行。很多專家、學者都提到，農業合作要真正使兩岸互利，就要從政府層面簽訂類似於ECFA的協議才能做到，規定雙方的權利義務，而且要有一個正式的機構來共同推進，這樣雙方的權益才能得到應有的保障。他們還談到，近兩年一些大陸經貿考察交流團到臺灣都會採購農產品，除了當場購買的，許多訂單都不能如期如實兌現，在島內造成了一些負面影響。這些對順利推進兩岸農業合作是很不利的。

第四節　兩岸農業合作的未來在哪裡

儘管兩岸農業合作面臨很多問題和困難，我們仍然可以透過分析雙方的比較優勢，並進一步地溝通和協商，找到合作的突破口。臺灣農業專家、學者的一些建議或許能給我們一些有益的啟示。

第一，兩岸農業合作的原則和目標。合作的原則應該是技術互惠、產業互利、貿易互補，避免惡性競爭。合作的目標則應是弘揚華人的農業文化（農業科技、農業品牌、農業生產標準等），共同開拓兩岸和國際市場。

第二，兩岸農業合作平臺建設目標的重新定位。兩岸農業合作平臺的規劃和建設應該與大陸的新農村建設結合起來，最終把其建設成為「兩岸現代農業合作示範區、新農村建設先行區、農業新品種新技術試驗區、新型專業農民培育區」，並且根據園區所處位置不同、合作對象的特點不同有所側重。事實上，不論是農民創業園還是農業合作試驗區，不一定只是一個園區或是一個地區，最重要的是它應該有輻射的功能和範圍。目前，25個臺灣農民創業園的面積是臺灣面積的2倍，每個農民創業園都分核心區、拓展區和輻射區，不同的區域發展模式也會有所不同。如果這些園區都能成功發展為現代農業的示範區，並且能有效輻射周邊地區，對大陸農業的發展，「三農」問題的解決，新農村的建設將有積極的推動作用。

第三，兩岸農業合作的基礎。兩岸農業有很強的互補性是各位專家、學者一致認同的。他們認為，兩岸農業各有優勢，臺灣在於農業科技和農會、產銷班、農業策略聯盟等農業組織的經營管理模式，大陸在於種源、土地、勞動力等農業資源。而且目前臺灣很多農業技術和品種已經轉移到大陸，農業在大陸的投資也有不小的規模，為進一步合作奠定了一定的基礎。但是大陸的農業配套服務還比較落後，在一定程度上會成為影響兩岸農業合作的一個障礙。

第四，兩岸農業技術交流與合作。自然環境的不同使得兩岸對農業生產技術尤其是農產品種植品種、栽培技術等各有側重，存在很強的互補性，交流的空間很大。臺灣一直以自己農業的發展成就而自豪，尤其在農業推廣和農業技術開發方面，臺灣農業科技、專利的轉化率很高，達90%以上，很重要的原因在於它的無償性。在大陸，農業科技的轉化是有償的，而小農經濟模式下，農民的能力有限，因此限制了其轉化的速度。其實這兩種模式各有利弊，這方面兩岸可以相互借鑑。目前，為了保護農業的智慧財產權，臺灣正在逐步轉變這種無償轉化的模式。對於兩岸農業技術的合作，有專家認為，如果兩岸合作進行農產品的生產，內需不是問題，供給也不是問題，問題主要有兩個：一是質量如何保證和提高，二是如何保證價格不會大起大落。所以農產品的生產技術就成為解決這兩個問題的關鍵，如栽培技術，如何突破自然條件的限制，拉長生產期。諸如此類的農業技術問題，兩岸可以共同解決。

第五，臺灣對大陸農業投資。對於這個問題，主要有兩派觀點，一派認為，臺灣對大陸進行農業投資，應該主要著眼於糧食作物、貧困地區以及農產品與臺灣互補的地區，如西北、西南和東北地區；而對於與臺灣存在競爭關係的華南和華中地區，如福建、廣東、浙江、江蘇等地，則不應該鼓勵，因為臺灣農業是小島經濟，很脆弱，承受不了衝擊。另一派則認為，臺灣作為海島型農業，資源有限，應該根據比較利益原則，生產有優勢的產品，農業應該在全球布局，積極進行對外投資，包括到大陸投資。其中，大陸的廣東、福建、海南、雲南等地與臺灣氣候、自然條件有些接近，在這些地區進行投資比較容易成功。

第六，兩岸農業合作需要具備的條件。專家、學者們提到的「條件」顯然都

是針對大陸提出的，他們認為大陸應該在以下幾個方面有所加強：（1）稅收、法律、安全保障等相關政策需要不斷完善；（2）建立和完善農產品生產運銷體系；（3）地方政府要有合作的誠意，服務意識要加強；（4）最重要的一點，無論是理論探討還是實際的合作，兩岸農業合作需要一個機制化、正常化、系統化的渠道，有一個自上而下的工作團隊來運作，形成常態化的協商機制。滿足了這些條件，兩岸農業合作才可能真正實現雙贏。目前的情況是，臺灣農民赴大陸進行農業投資都是散兵作業，他們能力有限，一個臺灣農民最多可以管理好1公頃的土地，而且很多農民只會自己種植、管理，並不能真正有效地把臺灣農產品的栽培技術傳授給大陸的農民。因此，合作的成效是很有限的。

第七，兩岸農業合作的模式。很多專家、學者都認為，兩岸農業真正有效的合作模式應該是雙方出面協商這個問題，由農會來具體操作，進行全面的、切實有效的合作。但是目前，阻力主要來自臺灣，雖然臺灣已經派人赴大陸考察臺灣投資大陸農業情況，但還沒有關於兩岸農業合作事宜的規劃。如果行政機構沒有規劃，農會也不敢貿然採取行動。南部的一些縣、市長赴大陸推銷農產品，其實都是作秀給農民看，目的是穩定民心，爭取選票。不少專家認為，臺灣應該正視現實，告訴農民現實的情況，對於能夠對外投資的項目，擴大投資。同時，還應該做好兩方面的工作：（1）為農業對外投資培訓相關人才；（2）為農業對外投資提供資金保障，如風險保障措施、低息貸款等等。如果臺灣能在這方面做出一些讓步，兩岸可以利用各自的比較優勢，合作創建「異地農業」的模式，即臺灣接單，大陸生產，共同開拓國際市場。

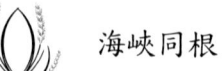

參考文獻

1.臺灣經濟年鑑2009，（臺）經濟日報社，2009.5，P86～P88。

2.關於加大臺灣農產品商標權保護力度促進兩岸農業合作的實施意見，工商行政管理，2006年第21期，P13～P14。

3.臺灣統計年鑑2009（Taiwan Statistical Data Book 2009），臺灣，2009.6。

4.Achim Fock，Tim Zachernuk（世界銀行），趙鈞（譯），中國農民專業協會回顧與政策建議，中國農業出版社，2006.10。

5.白俊超，我國農村土地制度改革研究，西北農林科技大學博士學位論文，2007.5。

6.北京大學國家發展研究院綜合課題組，還權賦能——成都土地制度改革探索的調查研究，國際經濟評論，2010.2，P54～P92。

7.北京天則經濟研究所《中國土地問題》課題組，土地流轉與農業現代化，管理世界，2010.7，P66～P85。

8.曾祥添，閩臺農業合作模式探析，淮海工學院學報（社會科學版），2008.12，P61～P63。

9.曾曉安，失地農民出路問題的成因分析及制度求解——結合臺灣的土地政策進行分析，珠江經濟，2005.7，P57～P59。

10.曾寅初、陳忠毅，海峽兩岸農產品貿易與直接投資的關係分析，管理世界，2004.1，P96～P106。

11.曾玉榮、姜梅林、鄭百龍、周瓊、翁伯琦,臺灣農業發展成效與閩臺農業合作再思考,臺灣農業探索,2008.4,P9～P12。

12.曾玉榮等,臺灣農業科技研發體系及策略導向,福建農林大學學報(哲學社會科學版),2008.11(4):P23～P26。

13.常英偉、黃景貴,臺灣資本在海南農業中的投資現狀、績效、問題及對策分析,海南廣播電視大學學報,2005.4,P66～P69。

14.陳海秋,臺灣50年來土地政策的三次大變革,中國地質礦產經濟,2002.11,P21～P25。

15.陳洪昭,閩臺農業合作中的農地利用問題研究,福建師範大學博士學位論文,2008.4,P58～P59。

16.陳鍵興,臺盟建議設立兩岸農業合作專項基金,新華網2010年3月5日。

17.陳美雲,臺灣休閒農業的成功經驗及對大陸的啟示,科技情報開發與經濟,2006.2,P119～P120。

18.陳維民,臺灣的農業發展歷程和現狀,華夏星火,2009.1,P14。

19.陳錫文,農村改革三大問題,在海南「十二五」農村改革國際論壇的主旨演講,http://bbs.cenet.org.cn/dispbbs.asp?boardid=92518&ID=416062。

20.陳雪松,臺灣土地改革及其對大陸的啟示,南方農村,2005.1,P17～P19。

21.陳忠毅,加入WTO後兩岸農產品貿易發展前景及影響因素,臺灣農業探索,2004.1,P1～P5。

22.程國強,擴大兩岸農業交流合作的建議,國研網,2010年3月5日。

23.程杰,海峽兩岸共謀農業合作新發展——訪臺灣臺中縣議員冉齡軒,華夏星火,2009.1,P32～P35。

24.程文章,借鑑臺灣土地制度,加強廣東農村土地管理,南方農村,2009.1,P30～P32。

25.村鎮銀行信貸模式探索——來自四川儀隴惠民村鎮銀行的實踐,新遠見,2009.1,P97～P99。

26.大陸15家臺灣農民創業園推介兩岸農博會,
http://www.cntbr.com/NewsView-900.html。

27.戴淑惠,農業金融改革前後對農會信用部經營績效之比較研究,中原大學碩士學位論文,2007年6月,P2。

28.單玉麗,民進黨上臺前後臺灣農業發展問題之透析,世界經濟與政治論壇2005年第5期,P112～P116。

29.單玉麗,臺灣農業金融體系的形成與發展,福建金融,2008.12。

30.單玉麗,臺灣農產品貿易的困境與出路,亞太經濟,2006.4,P75～P79。

31.單玉麗,臺灣農業金融改革之路與前景,亞太經濟,2007.4,P62～P66。

32.單玉麗,推進農業合作組織體制與機制創新——臺灣發展農業合作組織之啟迪,發展研究,2006.10,P18～P20。

33.單玉麗,臺灣的「新農業運動」,世界農業,2007.8,P11～P14。

34.鄧啟明、黃躍東,海峽兩岸現代農業合作先行先試研究:目標、側重點與策略選擇,中國青年農經學者年會論文集。

35.鄧啟明、李建華、黃獻光,海峽兩岸農產品貿易的現狀與發展,農業經濟問題,2005.12,P34～P37。

36.鄧遠建,臺灣農業政策的歷史演變及其對大陸農業發展的啟示,農業與技術,2005.8,P112～P114。

37.丁文郁,從農業金融法之制定論臺灣農業金融制度,兩岸鄉村發展與治理,五南圖書出版股份有限公司,2010年5月,P220。

38.丁中文,臺灣農業轉型的主要歷程、趨勢與啟示,發展研究,2008.8,

P79～P82。

39.杜強,兩岸農業投資合作分析：以江蘇省為例,管理觀察,2008年8月,P204～P205。

40.段兆麟,臺灣農業產銷班高效管理的策略,福建農業,2006.9,P36～P37。（摘自《海峽兩岸農業合作產銷組織研習班文稿集》）

41.樊麗明、郭琪,臺灣農業稅制演變及對大陸的啟示,財貿經濟,2005.9,P50～P54。

42.范武波（海峽兩岸第三屆熱帶亞熱帶農業學術研討會暨農業生產與加工考察團）,海峽兩岸第三屆熱帶亞熱帶農業學術研討會暨臺灣農業考察報告,中國熱帶農業,2009.3,P30～P32。

43.方文榮,臺灣農業模式的長泰實驗——福建省長泰縣錦信青果專業合作社發展紀實,農業知識,2009.2,P27～P29。

44.甘西,臺灣農業考察報告,廣西水產科技,2008.3,P1～P5。

45.葛鳳章、金雷,「大三通」背景下兩岸基層農業交流與合作——兩岸鄉村座談會側記,兩岸關係,2009.8,P45～P46。

46.廣西農學會農業專家赴臺灣考察團,臺灣農業考察報告,廣西農學報,2003.2,P59～P62。

47.郭斐斐,「星期九農莊」打造海峽兩岸農業合作「優秀試驗田」,http://www.agri.gov.cn/kjtg/t20090710_1308878.htm。

48.郝志東、廖坤榮主編,兩岸鄉村治理比較,社會科學文獻出版社,2008.11。

49.胡冰,臺灣休閒農業的發展歷史與現狀,西安郵電學院學報,2007.4,P96～P99。

50.胡元坤,中國農村土地制度變遷的動力機制,中國大地出版社,2006.10。

51.胡振華，中國農村合作組織分析：回顧與創新，北京林業大學博士學位論文，2009.4。

52.黃安余，臺灣土地改革及對農民就業的影響，臺灣農業探索，2008.2，P5～P9。

53.黃金輝，臺灣農業產業化支持政策及其運作，思想戰線，2003.2，P25～P29。

54.黃金輝、徐義雄，臺灣農業現代化評析，當代亞太，2003.7，P59～P64。

55.黃泉興，地方農會服務功能運作之模式分析，淡江大學管理科學研究所博士班博士論文，2008.1。

56.黃獻光，從臺商大陸農業投資談兩岸農業的合作與分工，臺灣農業探索，2003.2，P8～P10。

57.蔣亞杰、石正方，臺灣農業發展現狀、問題及出路，福建行政學院福建經濟管理幹部學院學報，2006.4，P91～P96。

58.蔣穎，海峽兩岸農產品貿易的格局與現狀分析，福建農林大學學報（哲學社會科學版），2008.11（3），P23～P26。

59.蔣穎，海峽兩岸農產品貿易依存度分析，福建農林大學學報（哲學社會科學版），2006.9（3），P24～P28。

60.蔣穎，海峽兩岸農產品貿易增長的成因：基於CMS模型的實證分析，技術經濟，2008.12，P93～P97（108）。

61.來自臺灣的報告—從新農村到新農業，南風窗，2006.17。

62.蘭世輝，臺灣農會研究，中央民族大學博士學位論文，2007.3。

63.老目，在現代農業中植入新的商業基因——訪臺灣服務業發展協會秘書長李培芬，華夏星火，2009.1，P38～P41。

64.李昌平，看了《農民專業合作經濟組織法》想哭！中國改革論壇，

2006。

65.李昌平,農業發展策略的臺灣經驗,中國鄉村發現,2007.5,P10～P14。

66.李昌平,中國農村將徹底走上菲律賓道路,
http://www.chinaelections.org/NewsInfo.asp?NewsID=135556。

67.李棟、方森鵬,臺灣的種子金灣的果——金灣臺創園成兩岸農業合作新平臺,珠海特區報,2009年8月20日第2版。

68.李非,臺灣土改的啟示,2009年第3期,南風窗,P48。

69.李非、賴文鳳,推動兩岸農業交流與合作發展的對策研究,兩岸關係,2006.11,P18～P20。

70.李紀珠,「農業金庫」成立是喜?是憂?
http://www.npf.org.tw/post/1/3369。

71.李紀珠、邱靜玉,當前農漁會信用部改革之評析,
http://www.npf.org.tw/post/3/3470。

72.李禮仲,健全「農業金庫」之運作挑戰重重,
http://www.npf.org.tw/post/1/4698。

73.李立,兩岸農業交流與合作大有可為,臺聲,2007.10,P33～P35。

74.李明,臺灣農業支持政策的演變與借鑑,中共濟南市委黨校學報,2006.1,P69～P71。

75.李明秋,中國農村土地制度創新研究,華中農業大學博士學位論文,2001年。

76.李慶國、馬春江,平谷探索出「產權式」農業發展新模式,三農在線—農民日報,2010年4月23日。

77.李岳雲、董宏宇,海峽兩岸農產品貿易與農業投資合作,中國農村經濟,2003.7,P65～P69。

78.練卜鳴，淺論兩岸農業合作交流的迷思與前景，臺灣農業探索，2009.8，P12～P15。

79.梁賢、林濤，企業化經營農戶、準農業企業和農業企業，西南農業學報，2007.5，P1134～P1137。

80.廖坤榮，臺灣農會信用部經營管理的道德危險研究，公共行政學報，第十七期，2005年12月，P100。

81.林國華、曾玉榮、劉榮章、李建華，臺灣休閒農業發展模式與經驗探討，臺灣農業探索，2007.4，P16～P21。

82.林國華、曾玉榮、劉榮章、李建華，臺灣休閒農業發展模式與經驗探討，臺灣農業探索，2007.4，P16～P21。

83.林克顯、李小穩、黃騰華，臺灣農業推廣體系之特色及其啟示，福建農林大學學報（哲學社會科學版），2007.10（4）：13～15。

84.林卿、李建平、林翊、黃茂興，兩岸農業合作模式：資源流動與整合——以閩臺農業合作為例，福建師範大學學報（哲學社會科學版），2006.6，P37～P41。

85.林享能，促進東盟及泛珠區農業交流的展望，http://www.npf.org.tw/post/2/6637。

86.林毅夫、易秋霖，兩岸經濟發展與經貿合作趨勢，北京大學經濟研究中心討論稿系列，2005.11。

87.林自新、鄭國澤，淺談海峽兩岸農業交流合作先行先試，福建商業高等專科學校學報，2009.1，P12～P16。

88.劉登高，一項新的農業企業組織制度的誕生——學習《中華人民共和國農民專業合作社法》，農村經營管理，2006.12，P16～P18。

89.劉鳳芹，農地利用與農業經濟組織，中國社會科學出版社，2005.7。

90.劉震濤、胡艷君，兩岸農業交流與合作，清華大學臺灣研究所工作論

文,2010.3。

91.陸銘,建設用地指標可交易:城鄉和區域統籌發展的突破口,國際經濟評論,2010.2,P137～P148。

92.陸雲,農業政策需做改變,http://www.npf.org.tw/post/2/7811,2010年7月20日。

93.陸雲:兩岸農業經貿關係與發展前景,http://www.huaxia.com/zt/pl/94.呂新業、盧向虎,新形勢下農民專業合作組織研究,中國農業出版社2008.6。

95.馬蕭農業政策,http://www.npf.org.tw/post/11/4123,2008年4月25日。

96.面對國際金融危機王毅宣布十項惠臺政策措施,
http://www.chinataiwan.org/zt/wj/lt/gt/200907/t20090706_943850.htm。

97.倪健,農業企業化經營與新農村建設——基於臺灣鄉村建設的經驗,中國鄉鎮企業,2006.9,P76～P77。

98.牛若峰,入世後海峽兩岸農業發展:相互依存、交流與合作,農業經濟問題(月刊),2003.2,P40～P43。

99.農業部就兩岸農業交流合作答記者問,中國新聞網,2010.3.1。

100.齊琦,以品牌龍頭帶動重慶農業產業化.中華商標,2005.8,P19～P20。

101.錢忠好,家庭經營——目前中國農業生產組織與制度創新應堅持的合理內核,中國農村土地制度變遷和創新研究,社會科學文獻出版社,2005.9,P267～P277。

102.饒欣榮,新農業運動——強化農業金融體系執行成效,
http://www.coa.gov.tw/view.php？catid=13072。

103.石雲飛,臺灣農業在蘇州——關於蘇州市臺資農業企業現狀的調查與思路,農產品市場週刊,2008年第1期,P50～P52。

104.舒展,臺灣現代農業發展困境與閩臺農業合作機制探析,內蒙古農業大

學學報（社會科學版），2007.4，P68～P71。

105.蘇美祥，臺灣農業金融體系的形成、影響與借鑑分析，臺灣農業探索，2005.3，P6～P9。

106.孫兆慧，借鑑臺灣經驗　促進大陸農業產業化，國家行政學院學報，2006.4，P48～P50。

107.臺灣農業在大陸展現廣闊前景，臺聲，2005.4，P56～P57。（對許信良的採訪）

108.陶然、汪暉，中國尚未完成之轉型中的土地制度改革：挑戰與出路，國際經濟評論，2010.2，P93～P123。

109.田君美，臺商在中國大陸農業投資之研究，臺北，臺灣大學農業經濟所博士論文，1998。

110.汪小平，農民專業合作經濟組織的成長與發展研究，華中科技大學博士學位論文，2007.10。

111.王建民，從「大閘蟹事件」思考兩岸農產品貿易，http://blog.china.com.cn/wangjianmin/art/20356.html。

112.王建民、蘇志新，臺商對大陸農業的投資與合作，中國外資，2003.2，P54～P56。

113.王金鳳，從對臺農業新舉措看海峽兩岸農業交流，兩岸關係，2006.6.31。

114.王鵬，臺灣農村土地制度改革保證「耕者有其田」，華夏星火，2008.11，P58～P59。

115.王鵬，作為典範的臺灣農村土地制度，華夏星火，2009.1。

116.王慶，閩臺農業合作背景下福建農民合作經濟組織發展問題研究，福建師範大學，2008.4。

117.王曙光，鄉土重建——農村金融與農民合作，中國發展出版社，2009

年6月。

118.王習明,近年來中國農民組織建設研究述評,人大複印資料《農業經濟導刊》2006年第1期。

119.王修華、賀小金、何婧,村鎮銀行發展的制度約束及優化設計,農業經濟問題,2010.8,P57～P62。

120.王堯、諸立恆,服務三通普惠臺農,http://www.customs.gov.cn/publish/portal0/tab7973/info161642.htm。

121.王臻:《峪口禽業和沃德家禽養殖專業合作社調研報告》,北京零點前進策略有限公司,2010年6月。

122.文化,當代臺灣農業概述,古今農業,2004.4,P17～P24。

123.翁志輝等,臺灣農業科技成果轉化體系與機制研究,福建農業學報2007.22(4):P433～P438。

124.吳惠萍,農民老化人力斷層嚴重,http://www.npf.org.tw/post/1/5084,2008年11月27日。

125.吳麗民、袁山林,臺灣農業合作社的發展及其對大陸的啟示——以臺灣漢光果菜合作社為案例的實證分析,現代經濟探討,2006.5,P37～P40。

126.吳榮杰,加速制定農業金融法以健全農業金融體系,臺灣經濟論衡,第1卷第7期,2003年7月,P5、P6。

127.吳爽,兩岸農業產業交流現狀、問題與對策,科技創業,2007.5,P90～P91。

128.吳亞卓,當代中國農村土地制度變革研究,西北農林科技大學博士學位論文,2002年5月,P115～P124。

129.吳越、曾玉榮、周江梅,臺灣農業策略聯盟建設概況,臺灣農業探索,2006.1,P41～P43。

130.夏祖相,發展具有重慶特色現代農業的四大關鍵.農家科技,2009.6,

P4～P5。

131.新形勢下海峽兩岸農業合作與發展研討會交流材料,中國農科院農業經濟與發展研究所、臺灣大學農業經濟學系聯合主辦,2009.8.18。

132.熊健,臺灣農業企業化經營及啟示,宏觀經濟管理,2005.7,P55～P56。

133.徐建煒,農地保護的國際經驗及其對中國的啟示,國際經濟評論,2010.2,P124～P136。

134.許佳妮、黃衍電、石愛虎,臺灣農業政策體系的效應及其啟示,安徽農業科學,2006,34(21):P5669～P5671。

135.許曉青、潘清,兩岸人士在滬探討農業科技合作新空間,新華網上海頻道,2010年4月11日。

136.許振明,臺灣的農業金融問題之探討,國家政策季刊,第三卷第四期,2004年12月,P132～P138。

137.楊盛華,超市農業:重慶農業入世的切入點,重慶行政,2003.1,P37～P39。

138.易開剛,大陸農業利用臺商直接投資的現狀、問題及對策,國際貿易問題,2006.10,P112～P117。

139.袁開智,兩岸農業開發合作需要新突破——來自海峽兩岸農業合作與發展論壇的報導,中國經濟導報,2009年8月27日B02版。

140.詹玲、馮獻,臺灣休閒農業的發展策略,臺灣農業探索,2009.3,P48～P51。

141.張濤、袁弟順、程祖錦、王坤、張育松,從臺灣農民創業園看海峽兩岸農業合作——以福建省臺灣農民創業園為例,福建農林大學學報(哲學社會科學版),2008.11(5),P23～P27。

142.張濤、袁弟順、鄭金貴,在新形勢下加速構建海峽兩岸農業合作新格局

——基於對7個海峽兩岸農業合作試驗區和臺灣農民創業園的調研，福建農林大學學報（哲學社會科學版），2009.12（2），P15～P19。

143.張意軒，兩岸農業合作，空間太大了，人民日報海外版，2009年4月16日第003版。

144.張意軒、李屹，海峽兩岸農業合作進入「深耕細作」階段，中國工商報，2009年8月14日第3版。

145.張意軒、李屹，兩岸農業合作邁向「深耕」，人民日報海外版，2009年7月21日第3版。

146.趙凱，中國農業經濟合作組織發展研究，西北農林科技大學博士學位論文，2003.5。

147.趙一夫，臺灣農業及農村發展經驗考察，臺灣農業探索，2006.4，P1～P3。

148.鄭百龍，2007年臺灣「新農業運動」政策要點與執行成效，臺灣農業探索，2008.6，P76～P80。

149.鄭風田，穆建紅，農業「軟實力」提升的戰略政策——臺灣打造國際知名農業品牌的經驗及啟示，農業現代化研究，2007.3，P186。

150.鄭少紅、張春霞，臺灣農業產銷班經營模式對福建農民合作組織的啟示，福建農林大學學報（哲學社會科學版），2007.10（1）：P21～P25。

151.周紅梅、趙就亮、王維，政銀攜手送春暖桂臺農合越「寒冬」——玉林市政銀合作助推海峽兩岸農業合作逆勢發展調查，廣西日報，2009年8月20日第9版。

152.周江梅、曾玉榮，兩岸農業合作對臺灣農產品貿易的影響，臺灣農業探索，2004.3，P17～P20。

153.周其仁，以土地制度改革切入統籌城鄉，http://news.ifeng.com/opinion/economics/detail_2010_09/21/2594529_0.shtml。

154.周文彰,瓊臺農業合作研究,海南出版社,1999.9。

後記

本書是在我博士後出站報告的基礎上修改完成的。在完成之際，謹向對本書的完成、出版和博士後研究期間在工作和生活等方面給予我幫助的領導、老師、同事、家人和朋友表示衷心的感謝！

首先要感謝我的合作導師施祖麟研究員、劉震濤教授和李應博副研究員，是您們讓我有機會進入清華大學，感受這裡濃厚的學術氛圍、嚴謹的治學態度，您們對我學術研究的指導和幫助、工作生活的關心，我會永遠記在心裡。其次要感謝臺灣研究所的巫永平教授、殷存毅教授、李保明副教授、鄭振清老師、王鵬老師、張娟老師、崔文成師傅，博士後謝天成、王花蕾、於珍、孫東方、竇勇，研究助理馬歆兒、袁飛、張賢、黃秀容，臺灣研究所就像一個溫馨的大家庭，在這裡度過的每一天都很開心。還要感謝公共管理學院的各位領導和老師提供了良好的學習研究條件，讓我經常有機會聆聽不同領域大師和專家精彩的演講和報告，一方面開闊了自己的視野，同時也深深感受到了他們的學術風采和人格魅力。

特別感謝劉震濤所長，是您帶我走進「臺灣問題、兩岸關係」這樣一個對我來說全新的研究領域，透過參加論壇、學術交流、實地調研，我也開始對這個領域的研究漸漸產生了興趣。而您的嚴謹認真、睿智通達，常常會讓我油然而生敬意。還要特別感謝農科院農業經濟與發展研究所的任愛榮研究員為我赴臺調研提供的無私幫助。

特別感謝現在工作單位北京聯合大學原副校長馮虹教授、管理學院陶秋燕副院長、臺灣研究院譚文叢常務副院長、劉文忠副院長和管理學院工商管理系陳琳主任在本書出版過程中給予的關心、幫助和經費資助。還要感謝九州出版社編輯認真細緻的工作，大家合作得非常愉快。

最後，要感謝我的家人，正是你們默默的支持、無私的關愛，讓我不管遇到什麼樣的困難，都能懷著一顆寬容、感恩的心去面對工作和生活。我會繼續努力！

胡艷君

國家圖書館出版品預行編目(CIP)資料

海峽同根 情寄農桑：兩岸農業比較與合作研究 / 胡艷君 著. -- 第一版.
-- 臺北市：崧博出版：崧燁文化發行, 2019.02
　　面；　公分
POD版

ISBN 978-957-735-640-6(平裝)

1.農業合作 2.兩岸交流

430.4　108001239

書　名：海峽同根 情寄農桑：兩岸農業比較與合作研究
作　者：胡艷君 著
發行人：黃振庭
出版者：崧博出版事業有限公司
發行者：崧燁文化事業有限公司
E-mail：sonbookservice@gmail.com
粉絲頁　　　　　　網　址
地　址：台北市中正區重慶南路一段六十一號八樓815室
8F.-815, No.61, Sec. 1, Chongqing S. Rd., Zhongzheng Dist., Taipei City 100, Taiwan (R.O.C.)
電　話：(02)2370-3310　傳　真：(02) 2370-3210
總經銷：紅螞蟻圖書有限公司
地　址：台北市內湖區舊宗路二段121巷19號
電　話:02-2795-3656　傳真:02-2795-4100　網址：
印　刷：京峯彩色印刷有限公司（京峰數位）

　　本書版權為九州出版社所有授權崧博出版事業股份有限公司獨家發行電子書及繁體書繁體字版。若有其他相關權利及授權需求請與本公司聯繫。

定價：250 元

發行日期：2019 年 02 月第一版

◎ 本書以POD印製發行